Claus Reissig

HAFEN HAMBURG
Das Kennenlern-Buch

Claus Reissig

HAFEN HAMBURG

Das Kennenlern-Buch

Koehlers Verlagsgesellschaft mbH · Hamburg

Fotos: Claus Reissig, soweit nicht anders angegeben.

Ein Gesamtverzeichnis der lieferbaren Titel schicken wir Ihnen gerne zu.
Bitte senden Sie eine E-Mail mit Ihrer Adresse an:
vertrieb@koehler-books.de
Sie finden uns auch im Internet unter: www.koehler-books.de

> **Bibliografische Information der Deutschen Nationalbibliothek**
> Die Deutsche Nationalbibliothek verzeichnet diese Publikation in
> der Deutschen Nationalbibliografie; detaillierte bibliografische
> Daten sind im Internet über http://dnb.d-nb.de abrufbar.

ISBN 978-3-7822-1012-6

Layout und Produktion: Inge Mellenthin
Produktionsmanagement: impress media GmbH, Mönchengladbach

Printed in Germany

Für Besucher hat der Hamburger Hafen etwas Magisches, Anziehendes, wenn man so will sogar Hypnotisches. Man kann sich nicht vorstellen, die Stadt zu besuchen – eine Stadt wie Hamburg schon gar nicht –, ohne ans Wasser zu gehen. »Was machen wir denn heute?« »Lass mal an den Hafen gehen«, für den Hamburger und den Besucher der Stadt das Natürlichste der Welt und selbst wenn er nicht in der Mitte der Stadt liegt, ist er doch das Zentrum; das ist wohl auf der ganzen Welt, ähnlich. Stundenlang kann man als Hamburger oder Besucher der schönsten Stadt der Welt (wie sie die Bewohner der Hansestadt nennen) unten an den Landungsbrücken in der Sonne sitzen und den Barkassen und Schleppern und Frachtern, und was es sonst noch alles auf dem Wasser gibt, zusehen. Die Szenerie ändert sich den ganzen Tag immer wieder in einer schönen Regelmäßigkeit, wie in einem Theater. Der Hafen bildet die Bühne und das Stück, was gezeigt wird, ist niemals das gleiche.

Der Hamburger Hafen ist nicht statisch, sondern er ist Leben, darf an der einen Seite ein wenig antiquiert wirken, wie in der Speicherstadt, die Kulisse für die Büros in den neuen Häusern in Neumühlen bieten oder einfach den spektakulärsten Bauplatz der Welt: die Hamburger Hafencity. Was daneben immer bleibt, ist der Hafen in seinem Kern, er ist Hamburgs Herz und die Seele zugleich, größter Steuerzahler, größter Arbeitgeber, größter Touristenmagnet, vor allem aber das Foyer der Stadt für die Schiffe aus Dänemark, Holland und Brasilien, Südafrika oder China und Singapur. Wenn man ihn besucht und in die Welt der großen Schiffe und unfassbaren Frachtmengen

Stadt der Superlative:
Das Container Terminal
Altenwerder gilt als das
modernste weltweit.

eintaucht, fühlt man sich wie Gulliver im Land der Riesen. Es braucht eine Weile, bis man sich nicht mehr wie ein Fremdkörper fühlt und so angesehen wird, wenn man bei der Recherche mit dem eigenen Boot immer wieder der Polizei in die Quere kommt, die das Hafengebiet nach den Terroranschlägen 2001 umso gründlicher überwacht. Die Rückkehr auf die gewohnte Elbseite gleicht der aus einem entfernten Land und ist kaum weniger mit neuen Eindrücken erfüllt.

Zum Teilen dieser Faszination des Hafens dient dieses Buch, es beschreibt ihn in seinen vielen kleinen Teilen mit seinen Häfen, Firmen, Lagern, weiterverarbeitenden Betrieben, Menschen und natürlich Schiffen. Ein riesiges Warenlager, in das auf diesem Weg permanent Nachschub gelangt. Und es ist die Geschichte einer Siedlung im Binnenland mit ihrer wundersamen Entwicklung zum Tor zur Welt. Eine gewisse technische Betrachtung des Hafens war dabei unumgänglich, auch wenn die vielleicht mit der romantischen und verklärten Sicht durch die rosarote Hans-Albers-Brille nicht ganz übereinstimmt. Aber dem Gesamtkonstrukt des Hafens wird sie vermutlich gerechter, ohne dass er dadurch an Faszination verliert – vielleicht ist sogar das Gegenteil der Fall.

Die genannten Hafenteile, Schiffe und Firmen sind keinesfalls vollständig, sondern als Übersicht und Erklärung für die Vielfalt des gesamten Hafens zu verstehen. Sie sollen also exemplarisch eine Übersicht vermitteln, ohne dass genannte oder ungenannte Namen besser oder schlechter wären. Eine vollständige Nennung wäre gar nicht möglich und auch nicht sinnvoll gewesen.

Claus Reissig
Im April 2010

Im Land der Riesen: Schifffahrt lohnt sich vor allem mit großen Schiffen, nicht selten haben sie über zwölf Meter Tiefgang.

Ein Buch über den größten Hafen Deutschlands im Krisenjahr 2010 zu schreiben, stellt eine gewisse Herausforderung dar. Der Umsatzrückgang beträgt 30 Prozent und mehr, viele Liegeplätze für Schiffe und Stellflächen für die allgegenwärtigen Container bleiben in Hamburg derzeit leer. Allerdings herrscht kein Zweifel daran, dass es wieder aufwärts geht – daran wurde beim Ausbau des Hafens immer geglaubt, das gehört sozusagen zu seiner Natur und der der Menschen, die hier arbeiten. Über mehrere Jahrhunderte werden an der Elbe bereits Waren umgeschlagen, der Hafen hat zwei Weltkriege und die Wirtschaftskrise Ende der 1920er Jahre überstanden und ist zudem immer weiter gewachsen. Derzeit bereitet man sich auf die Herausforderung durch immer größere Schiffe vor, der Hafen selbst und auch die Elbe von der Nordsee bis in die Hansestadt müssen ständig angepasst werden, um gegenüber den Konkurrenten nicht ins Hintertreffen zu geraten. Eine gewaltige Kraftanstrengung, die sich aber auszahlt. Er ist der Wirtschaftsmotor der Region.

Der Hafen ist permanent im Umbau begriffen, auch das macht seine Faszination aus. Der Hafen wird niemals fertig sein, neuen Schiffen und neuen Transportmethoden muss er sich als Dienstleister anpassen. Die Reedereien der Schiffe zahlen viel Geld, wenn sie ihn anlaufen, die Speditionen, weil sie ihre Waren umschlagen; dafür dürfen sie einiges erwarten. Den perfekten Umschlagsplatz, ein fein verzahntes Getriebe von Unternehmen und Menschen, Dienstleistern und Überwachern, die die Schiffe leiten, in Empfang nehmen, be- und entladen, tanken und reparieren. Eine Art riesige Tankstelle mit angeschlossenen Speditionshöfen für die gewaltigen Schiffe, die die Waren der Welt hier zur weiteren Verteilung zusammenbringen.

Ein wenig gleicht er einer mächtigen Maschine, die Platz für ihre Bewegungen braucht. Wenn sie neue Anforderungen stellt, weil die Schifffahrt es macht (sei es durch andere Waren, eine Zunahme des Containerverkehrs oder größere Schiffe), muss er sich bewegen. Und da ist der Stadt bei aller Romantik nichts heilig. Jüngstes Beispiel ist die wunderschöne Köhlbrandbrücke im Hintergrund, sie ist die zweitlängste Straßenbrücke Deutschlands und mit ihrem anmutigen Schwung schon fast ein Wahrzeichen der Stadt wie der Michel oder die Reeperbahn. Aber die Schiffe werden größer und die Brücke zu klein, also wird eine Diskussion über einen Neubau in Gang gesetzt, die fast keine Widerworte kennt, denn der Hafen muss leben, damit es die Stadt tut. Geht es dem Hafen gut, gilt das auch für Hamburg und für seine Einwohner.

Im Hafen arbeiten heute zehntausende Menschen, nicht mehr die grobschlächtigen Arbeiter, Stauer und Quartiersleute oder zahllosen Matrosen aus den Zeiten von Hans Albers, als der Tagelohn noch bar ausgezahlt und am Ende der Schicht auf der Reeperbahn auf den Kopf gehauen wurde. Dieses Kapitel ist Geschichte, heute hat der Hafenarbeiter sein Häuschen im Grünen und fährt Passat, die Seefahrerromantik der alten Filme ist passee. In den kurzen Liegezeiten schaffen es die Seeleute zumeist nicht einmal an Land zu gehen. Aber dem Hafen tut das keinen Abbruch, er lebt weiter und ändert sich ständig.

HAMBURG ALS GLOBAL PLAYER

Wo fängt man am besten an, einen Hafen kennen zu lernen? Sich an die Landungsbrücken zu setzen, vermittelt da vielleicht ein ein wenig unvollständiges Bild. Zahlen sind dagegen immer beeindruckend, auch wenn sie nicht genügen, ihn zu verstehen. Die Länge seiner Kaianlagen beträgt 41 Kilometer, die Menge der umgeschlagenen Waren zum Beispiel 140 Millionen Tonnen (2008), ebenfalls kaum zu ermessen die Anzahl der Liegeplätze für Seeschiffe (320). Allem voran muss man ihn einordnen können, da hilft ein Vergleich mit anderen Häfen, und Hamburg braucht da die weltweite Konkurrenz bisher kaum zu fürchten. Er gehört zu den großen Global Playern unter den Häfen, in denen die Fäden ganzer Erdteile zusammenlaufen und aus denen die Waren über ganz Europa, China oder Nordamerika verteilt werden.

Legt man den Containerumschlag (die Menge an Containern, die auf Schiffen nach Hamburg transportiert und von dort zu Wasser, zu Lande oder auf der Schiene weiterverteilt werden) zu Grunde, war der Hamburger Hafen 2008 einer der Top 15 weltweit und nach Rotterdam der zweitgrößte in Europa. Im Gesamtranking lag Hamburg mit fast zehn Millionen Containern, die hier jährlich umgeschlagen wurden, auf Platz elf, 2007 sogar noch auf Platz neun. Rotterdam in Holland lag mit 10,8 Millionen Containern auf Platz neun, Spitzenreiter war Singapur mit fast 30 Millionen Containern pro Jahr, gefolgt von Shanghai (China). Überhaupt China: Der neue Exportweltmeister stellt, was die Containermenge angeht, mittlerweile fünf der zehn größten Häfen weltweit.

Aufgrund der Weltwirtschaftskrise Ende des ersten Jahrzehnts dieses Jahrtausends ist der Containerumschlag weltweit dramatisch eingebrochen. Viele Schiffe wurden vorübergehend stillgelegt (in der Schifffahrtssprache aufgelegt) und warten auf eine Erholung des Marktes. Alleine in Hamburg spricht man von einem Rückgang von rund 30 Prozent, vor allem durch das schwächere Transitgeschäft nach Osteuropa. Die bei Drucklegung zur Verfügung stehenden Zahlen von 2008 spiegeln also nicht präzise die derzeitige Lage; 2009 fiel Hamburg mit sieben Millionen TEU auf Platz 15 hinter Antwerpen zurück.

Oben Der Hafen schläft nie; nächtlicher Blick vom Burchardkai in Richtung Hamburger Innenstadt.

Links An 41 Kilometer Kaianlagen können 320 Seeschiffe gleichzeitig festmachen, wie hier am Hansaport.

Containerhäfen, Top 15 (2008)

2008	(2007)	Hafen	Container in Mio.TEU*
1	(1)	Singapur (Singapur)	29,9
2	(2)	Shanghai (China)	28,0
3	(3)	Hongkong (China)	24,2
4	(4)	Shenzen (China)	21,4
5	(5)	Busan (Südkorea)	13,4
6	(7)	Dubai (VAE)	12,0
7	(11)	Ningbo-Zhousan (China)	11,2
8	(12)	Guangzhou (China)	11,0
9	(6)	Rotterdam (Niederlande)	10,8
10	(10)	Qingdao (China)	10,3
11	(9)	Hamburg (Deutschland)	9,7
12	(8)	Kaoshiung (Taiwan)	9,7
13	(13)	Antwerpen (Belgien)	8,7
14	(14)	Tienjin (China)	8,5
15	(15)	Kelang (Malaysia)	8,0

* in Millionen TEU
(Twenty feet Equivalent Unit, 20-Fuß-Container)

Zwischen diesen Riesenhäfen verkehrt eine ganz bestimmte Sorte Schiffe, die sonst nirgends anlegt. Das derzeit größte Containerschiff der Welt, die EMMA MAERSK der dänischen Reederei Maersk, transportiert zum Beispiel 11.000 beladene Container auf einmal und hätte Stellplätze für über 15.000. Sie fährt innerhalb eines Monats von Europa durch das Mittelmeer und den Suezkanal nach Singapur, von dort nach Quingdao in China und auf derselben Route zurück nach Europa. Die Liegezeiten in den jeweiligen Häfen betragen jeweils nur wenige Stunden oder Tage, dann ist das Schiff wieder auf See. Diese Schiffe sind es, die die Schifffahrt derzeit prägen und auch den Hamburger Hafen verändern, auch wenn der Riese EMMA MAERSK in der Hansestadt keinen Platz hat. Aber die Schiffe, die die Hansestadt schon jetzt anlaufen, liegen in ihrer Kapazität nur wenig darunter, und an ihrer Größe muss sich alles messen lassen. Mehrere Tausend beladene Container pro Schiff müssen in Hamburg innerhalb weniger Stunden entladen und dieselbe Menge wieder an Bord gebracht werden. Die Kisten brauchen auf der Südseite der Elbe einen Lagerplatz und unzählige LKWs und Güterwaggons sowie kleinere Schiffe, um sie von hier fortzuschaffen und neue herbeizubringen, die dann an Bord genommen werden können.

Spezielle Schiffe sorgen aus Tanklagern für den Treibstoff der Ozeanriesen, die Werften führen Reparaturen zwischen den Fahrten aus. Andere Firmen versorgen die Crew mit Nahrungsmitteln, damit sie mit ihrem Schiff mehrere Monate autark auf See sein können. Wieder andere Firmen rekrutieren Mannschaften, fertigen die Waren ab und betreiben die Schlepper, die unser Containerschiff an die Pier bringen. Insgesamt sind in Hamburg über 140.000

Menschen rund um den Hafen beschäftigt, das entspricht 13 Prozent aller Erwerbstätigen. Rechnet man das Umland mit, hat der Hafen fast 170.000 Mitarbeiter. Das sind erheblich mehr als zu den Zeiten, als die Waren in Säcken und Kisten einzeln per Hand ausgeladen wurden.

Durch den Hafen haben sich in der zweitgrößten deutschen Stadt zudem eine Vielzahl von Unternehmen aus Fernost niedergelassen, die von hier ihre Waren direkt vermarkten. Rund 3.000 Firmen, so wird geschätzt, sind an Deutschlands größtem Außenhandelsplatz mit dem Im- und Export beschäftigt, also Firmen, die den Hamburger Hafen als reinen Umschlagbetrieb nutzen. Hafenbezogene Unternehmen haben ihre Produktionsanlagen direkt in der Nähe der Warenströme, wie das Stahlwerk Mittal Steel, die Wachsfirma Sasol oder zwei Mineralölraffinerien und das Hamburger Aluminiumwerk. Die Rohstoffe werden quasi an der Kaikante veredelt oder weiterverarbeitet und per Schiff, Schiene oder LKW direkt vertrieben.

Der Hafen in Zahlen

Der Hamburger Hafen ist seit eh und je der größte Arbeitgeber der Stadt. Was nur die wenigsten wissen: Er ist zudem der größte Arbeitgeber Schleswig-Holsteins und der zweitgrößte in Niedersachsen (nach Volkswagen in Wolfsburg), zumindest dann, wenn man alle am und mit dem Hafen arbeitenden Unternehmen zusammenzählt. Das sind neben den klassischen Hafen- und Packbetrieben auch Reedereien, Schiffsfinanzierer oder Versicherungen.

20mal Hamburg:

Stand 2008

Gesamtfläche:	7.236 Hektar (10 % des Stadtgebietes)
davon Wasser:	2.987 Hektar
Freihafen:	1.634 Hektar
Erweiterungsgebiet:	833 Hektar
Länge der Kaianlagen:	41 km
Straßen:	137 Kilometer
Gleisanlagen:	375 Kilometer
Brücken:	133
Tunnel:	3
Werften:	11
Liegeplätze (Seeschiffe):	320
davon Großschiffsplätze:	38
Wassertiefe bei Niedrigwasser:	14,9 Meter
durchschnittlicher Tidenhub:	3,63 Meter
Warenumschlag:	140,4 Millionen Tonnen
Schiffsabfahrten:	11.922
davon Containerschiffe:	7.166
von hier angelaufene Häfen:	900
angelaufene Länder:	170
Beschäftigte:	170.000

13

Rund 200 Liniendienste verbinden die Stadt mit der ganzen Welt. Pro Tag verlassen sechs Schiffe Hamburg Richtung Fernost, zwei weitere nach Afrika und Nord- oder Südamerika. Alle zwei Tage geht ein Schiff nach Australien und Neuseeland, bis zu zehn Schiffe pro Tag in europäische Häfen. In der Stadt wurde eine mächtige Infrastruktur geschaffen, die diese Warenströme abzufertigen in der Lage ist. Neben der Be- und Entladung der Schiffe muss der Abtransport an die Bestimmungsorte im Binnenland gesichert sein. Jeder zehnte Güterzug in Deutschland kommt aus dem Hafen, Millionen LKWs verlassen die Metropolregion Hamburg pro Jahr. Die Stadt ist ein Verkehrsknoten, wie es in Deutschland keinen zweiten gibt.

Aus der Welt nach Hamburg – und zurück

Das Tor zur Welt darf in Hamburg durchaus wörtlich genommen werden, auch wenn der Slogan natürlich besonders für den Tourismus interessant ist. Mit über 900 Häfen in rund 170 Ländern der ganzen Welt ist Hamburg über Schifffahrtslinien verbunden, das schafft kaum eine andere Stadt. Im Containerumschlag ist China Handelspartner Nummer 1. Über drei Millionen der Blechkisten pendeln zwischen der so genannten Werkbank der Welt (wie China aufgrund der niedrigen Löhne auch genannt wird) und

Seeleute sind nur auf Kurzbesuch. Die knappen Liegezeiten lassen zumeist keinen Ausflug in die Stadt zu.

Hamburg pro Jahr hin und her. Deutschland beliefert die Volksrepublik mit Maschinen sowie Rohstoffen, die weiterzubearbeiten in Europa aufgrund der Lohnkosten zu teuer wären. In Chinas Fabriken selbst wird mittlerweile fast alles hergestellt, angefangen von einem Teddy über Geschirr, elektrische Geräte, Möbel oder natürlich Bekleidung: davon kommt unterdessen das Gros aus Fernost und garantiert in Europa trotz der Transportkosten relativ niedrige Preise. Selbst ein urwestliches Produkt wie Apples Macintosh wird in China zusammengebaut.

Die großen Transportkapazitäten der Schiffe beflügeln den Im- und Export – je größer die Schiffe, desto niedriger werden die Kosten pro transportiertem Stück Ware. Bei einer Flasche australischem Wein rechnet man derzeit mit einem Aufpreis von 15 Cent für die Reise. Bei einer Reise um die halbe Erde macht der Seetransport lediglich 20 Prozent des Frachtpreises aus, die anderen 80 Prozent entfallen auf die Wege zum Hafen und von dort zum Verbraucher. Da wird das Produkt von der anderen Erdseite selbst für einen italienischen Rebensaft zum Konkurrenten, der per LKW über die Alpen kommt. Es gilt wie schon zu Zeiten der Segel- und Dampffrachter die Regel: Länge läuft. Und das gilt nicht nur für die physikalischen Eigenschaften des Schiffsrumpfes, wo ein langes Schiff eine größere Geschwindigkeit erzielt, sondern vor allem für die Berechnung der Transportkosten in den Reedereien. Je mehr transportiert wird, desto günstiger wird es.

Das hat zeitweise skurrile Auswirkungen, wie zum Beispiel im Falle der Einweg-Plastikflaschen der Discounter, die gegen Pfand eingesammelt und zum Recycling nach China verschifft werden. Dort werden sie sortiert, eingeschmolzen und zu neuen Produkten verarbeitet. Viel der derzeit günstigen Fleece-Kleidung, Handschuhe, Decken oder Pantoffeln kommen so mit einem Umweg um die halbe Erde nach Deutschland zurück, das meiste davon per Schiff und Container. 2008 wurden in Hamburg 11.922 Schiffsabfahrten gezählt (das entspricht 33 pro Tag), davon waren 7.166 Containerschiffe, 2.622 Schütt-, Stückgut- oder Spezialfrachter und 1.514 Tankschiffe. Dazu 361 RoRo(Roll-on/Roll-off)- und Fährschiffe sowie Fahrzeugtransporter und 258 Fahrgast- und Kreuzfahrtschiffe. Trotz des Einbruchs während der Wirtschaftskrise rechnet man in Hamburg wieder mit einer Steigerung. Insgesamt beträgt die Zahl der Frachtschiffe, die auf den Weltmeeren unterwegs sind, derzeit geschätzt 40.000 Stück. Abzüglich der verschrotteten Schiffe wuchs diese Flotte bis zur Wirtschaftskrise um mindestens 800 Frachter jährlich.

Der Container ist die Berechnungsgrundlage des internationalen Handels. Fast zehn Millionen Stück wurden 2008 in Hamburg abgefertigt.

In der Zeit der Krise mussten die Reederein hunderte Schiffe stilllegen.
Foto: B. Bühler

Die Seefahrt in der Krise

Die im Jahr 2008 begonnene Weltwirtschaftskrise hat für die Schifffahrt schwerwiegende Auswirkungen. Vor allem der auf ständiges Wachstum programmierte Containersektor bekommt das zu spüren. Von den circa 4.800 Containerschiffen weltweit liegen rund 600 auf, sind also vorübergehend außer Betrieb gestellt. Die Verbliebenen fahren langsamer, um Treibstoff zu sparen und die Aufträge zu strecken. Trotzdem sind noch ungefähr 800 neue Schiffe aus der Zeit vor 2009 im Bau oder verbindlich geordert, ihre Stornierung ist aufgrund der immensen Kosten noch weniger wirtschaftlich, als den Bau fortzusetzen. Ohne weitere Bestellungen wird dadurch die Transportkapazität innerhalb der kommenden Jahre um weitere 40 Prozent zunehmen, was die Krise in der Schifffahrt weiter erheblich verschärfen wird.

Die Zeiten, als in einem Land alles produziert wurde, was man brauchte, sind lange vorbei. Heute erzeugt die globale Wirtschaft einen enormen Warenfluss rund um die Erde, der zu einem großen Teil mit Schiffen bewerkstelligt wird. Kein anderes Verkehrsmittel kann mit derart großen Frachträumen und vor allem mit einem so geringen Energieeinsatz für die transportierte Ware aufwarten. Rund 0,21 Liter Treibstoff pro Tonne Fracht und 100 Kilometer verbraucht ein moderner Containerriese. Würde man ein Flugzeug für denselben Transport benutzen, würde es mehr als 17-mal so viel verbrauchen, einmal davon abgesehen, dass es nie genug Flugzeuge, Züge oder LKWs geben würde, um die mit Schiffen transportierten Mengen zu bewältigen.

Nur ein kleiner Teil (rund ein Drittel) der in Containern gelieferten Waren bleibt dabei in der Metropolregion Hamburg. Zwei Drittel werden von hier vor allem Richtung Osten weitergeleitet. Hamburg ist der letzte Hafen, der von so genannten Mega-Carriern, also den riesigen Containerschiffen, angelaufen werden kann, wenn diese aus dem Atlantik in die Nordsee kommen – die Ostsee ist zu flach für sie. In Hamburg wird die weltweit eingesammelte Fracht auf kleinere Schiffe, Züge oder LKWs umgeladen, die von hier aus nach Skandinavien im Norden und in die baltischen Staaten Estland, Lettland und Litauen im Nordosten weitertransportiert wird (ein Drittel). Ein weiteres Drittel geht nach Polen sowie in die Ukraine und Russland bis nach Tschechien, Slowenien oder Bulgarien im Osten. Im Süden reicht der Einzugsbereich über ganz Deutschland, Österreich und die Schweiz. Alles in allem ein riesiges Einzugsgebiet, das durch die Arbeit im Hamburger Hafen direkt mit lebenswichtigen Produkten versorgt wird.

Hamburg kommt mit seinen Containerterminals eine Art Pufferfunktion zu. Die Container werden von den Schiffen schnellstmöglich entladen, ohne dass sofort Kapazitäten zum Weitertransport vorhanden sein müssen. Die Ware lagert wetterfest in den Containern, wie in eigenen kleinen Schuppen, bis sie weitergeleitet wird. Je nach Destination kommen dafür verschiedene Transportmittel in Frage:

Container-Hinterlandverkehr (2008)
LKWs 45 %
Bahn 25 %
Feederschiffe 28 %
Binnenschiffe 2 %

Binnenschiffe könnten die Verkehrswege entlasten, die Elbe ist in ihrem Oberlauf jedoch zu flach.

Aufgrund seiner für die Seeschifffahrt etwas schwierigen Lage kilometerweit landeinwärts, hat der Hamburger Hafen damit jedoch auch einen Vorteil, den kein anderer deutscher Hafen bieten kann: die direkte Anbindung an die endgültigen Ziele der zu transportierenden Ware. Für LKWs ist mit der A7 eine wichtige Nord-Süd-Verbindung direkt erreichbar (Köhlbrandbrücke, Seite 24) und auch der Zugverkehr rollt im Nord-Süd-Verkehr über die westlichste Elbquerung (Elbbrücken, Seite 28). Elf Prozent des gesamten Güterverkehrs auf der Schiene hat ihren Ursprung oder das Ziel im Hamburger Hafen (Hafenbahn, Seite 29). Kleine Seeschiffe (Feeder, Seite 69) erreichen von Hamburg durch den Nord-Ostsee-Kanal schnell die Ostsee und somit die skandinavischen und baltischen Länder. Ein kleiner Teil kann schließlich per Binnenschiff über die Oberelbe bis nach Dresden und Tschechien geliefert werden. Für eine effektivere und wirtschaftliche Nutzung ist die Oberelbe aber gerade im Sommer zu flach und ihre Brücken sind zu niedrig.

Das Gros der Container verlässt die Hansestadt daher per LKW oder mit so genannten Feedern, also kleinen Containerschiffen.

VERKEHRSKNOTEN HAMBURG

Der ständig wachsende Fluss sowie die ebenso steigenden Verkehrsströme im und um den Hafen machen immer neue Bauwerke erforderlich, um die komplizierte Begegnung von Seeschiffen und Landfahrzeugen möglich zu machen. Im Falle Hamburgs müssen immer wieder tiefere Tunnel sowie bewegliche oder sehr hohe Brücken errichtet werden, denn herkömmliche Flussquerungen würden immer die Schifffahrt blockieren. Der weit im Landesinneren liegende Seehafen der Hansestadt hat somit gravierende

Auswirkungen auf die Verkehrsflüsse der umliegenden Bundesländer. Zwischen Hamburg und der Nordsee ist eine Elbquerung mit dem Auto oder dem Zug quasi nicht möglich, es sei denn, man benutzt eine Fähre. Und auch innerhalb der Stadt gilt: Querungen der Fahrwasser müssen immer so beschaffen sein, dass sie den Betrieb des Hafens nicht einschränken – nicht ganz einfach bei Schiffen, die über 50 Meter hoch über Wasser auf- und zeitweise bis zu 18 Meter in das Wasser hineinreichen.

Oben Die großen Schiffe brauchen Platz, hier taucht der Verkehr der A7 in den Elbtunnel unter die MSC Magnifica ab.

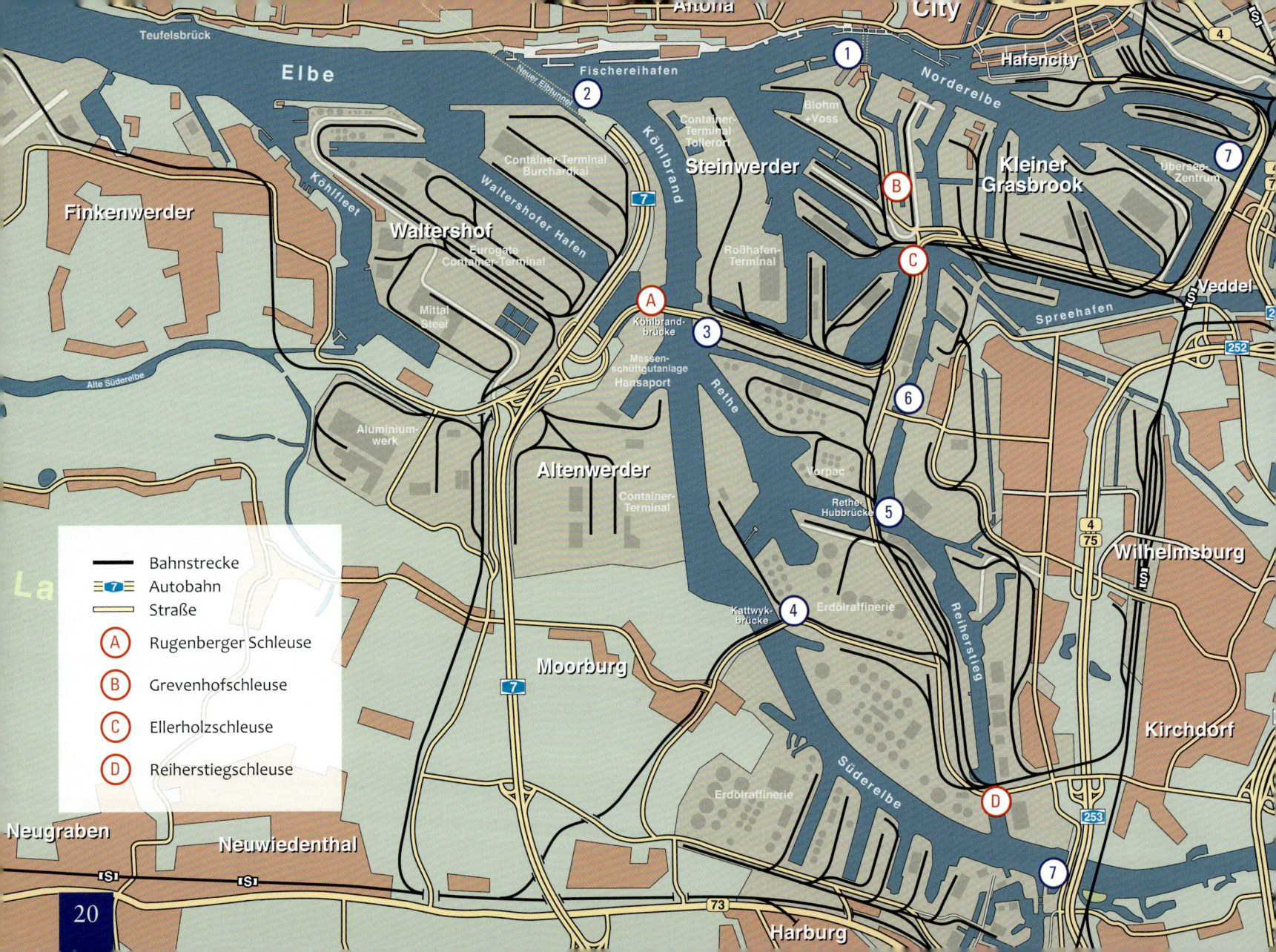

Elbe

Teufelsbrück

Altona

City

Hafencity

Fischereihafen

Neuer Elbtunnel

Köhlfleet

Container-Terminal
Tollerort

Norderelbe

Waltershofer Hafen

Köhlbrand

Steinwerder

Blohm
+Voss

Kleiner
Grasbrook

Übersee-
Zentrum

Container-Terminal
Burchardkai

Finkenwerder

Waltershof

Eurogate
Container-Terminal

Roßhafen-
Terminal

Veddel

Mittal
Steel

Köhlbrand-
brücke

Spreehafen

Alte Süderelbe

Massen-
schüttgutanlage
Hansaport

Rethe

Aluminium-
werk

Altenwerder

Container-
Terminal

Vorpac

Rethe-
Hubbrücke

Wilhelmsburg

Kattwyk-
brücke

Erdölraffinerie

Reiherstieg

Kirchdorf

Moorburg

Erdölraffinerie

Süderelbe

Neugraben

Neuwiedenthal

Harburg

	Bahnstrecke
	Autobahn
	Straße
A	Rugenberger Schleuse
B	Grevenhofschleuse
C	Ellerholzschleuse
D	Reiherstiegschleuse

20

Alter Elbtunnel ①

Obwohl schon vor knapp hundert Jahren eröffnet (1911), ist der Alte Elbtunnel eine fast anmaßende Bezeichnung für ein Bauwerk, das seinerzeit den Gipfel der Konstrukteurskunst darstellte. Der Sankt-Pauli-Elbtunnel (wie er eigentlich heißt) mit seinen zwei Röhren (eine in jede Fahrtrichtung) und seinen gefliesten Wänden, den hölzernen Aufzügen und den schmalen Fahrbahnen ist eine lebendige Erinnerung an den Hafen im vorigen Jahrhundert. Fast kann man sich vorstellen, von Dampfern und Seglern umgeben zu sein, wenn man nach der Durchquerung wieder oben ankommt.

Über 400 Meter lang, bildet der Alte Elbtunnel die Verbindung zwischen der Innenstadt und dem Hafen auf der anderen Elbseite. Er war als Erleichterung für den Transport der Arbeiter mit Barkassen und Fähren gedacht, der sich bei Nebel oder Eis als schwierig oder nicht durchführbar erwies. Autos waren zu der Zeit noch sehr unüblich und das Gros der im Hafen Beschäftigten erreichte mit der U-Bahn den Hafen und ließ sich per Schiff zu seinem Arbeitsplatz bringen. Heute erscheint es fast unglaublich, dass zehntausende Arbeiter täglich diesen Weg nahmen. 20 Millionen Menschen kreuzten zu seiner Hochzeit auf diese Art die Elbe pro Jahr, also fast 30.000 pro Tag auf ihrem Hin- und Rückweg zur Arbeit. Vor allem die Arbeiter der Werften Blohm+Voss, Vulcan und H. C. Stülcken profitierten direkt von dem neuen Tunnel. Neben dem seit eh und je kostenlosen Durchgang für Fußgänger konnten mit vier heute noch voll betriebsfähigen Aufzügen auch die zunehmenden Mengen an Material und Fahrzeugen durch den Tunnel

Der St.-Pauli-Elbtunnel war die erste Abkürzung in den Hafen und kostete seine Erbauer über zehn Millionen Goldmark.

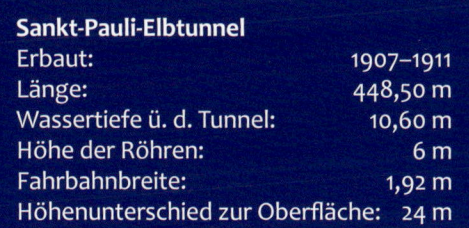

Sankt-Pauli-Elbtunnel	
Erbaut:	1907–1911
Länge:	448,50 m
Wassertiefe ü. d. Tunnel:	10,60 m
Höhe der Röhren:	6 m
Fahrbahnbreite:	1,92 m
Höhenunterschied zur Oberfläche:	24 m

gebracht werden, ohne den Umweg über die Elbbrücken machen zu müssen.

Die Oberkante des Tunnels befindet sich von einem Meter Schlick überdeckt nur kurz unterhalb der Fahrrinne für die Schifffahrt. Die maximale Tiefe der Fahrrinne ist somit durch das unter Denkmalschutz stehende Bauwerk auf die derzeitige Wassertiefe von 10,60 Metern beschränkt, wenn der Tunnel nicht beschädigt werden soll. Entsprechend kleiner sind die Schiffe, die den östlichen Hafenteil (Reiherstieg, Steinwerder- oder Hansahafen sowie das Kreuzfahrtterminal) erreichen wollen und den Alten Elbtunnel passieren müssen. Über den Tunnelröhren befindet sich durch die Elbvertiefung nur relativ wenig Boden. Damit der Tunnel nicht »aufschwimmt« oder durch sehr tiefgehende Schiffe beschädigt werden kann, wurde er Ende der 70er Jahre mit einer aufwändigen oberen Betondeckelung versehen und so gesichert.

Pendler benutzen den Tunnel immer noch zeitweise als Abkürzung, auch wenn die meisten Autos über die Elbbrücken oder den Neuen Elbtunnel den Hafen erreichen. Verkehrstechnisch ist der Tunnel somit heute nicht mehr wichtig.

Neuer Elbtunnel ②

Von dem Neuen Elbtunnel sieht man nichts, es sei denn, man benutzt ihn. Der Nord-Süd-Verkehr brandet über die A7 fast unsichtbar unter einem der schönsten Hamburger Elbstrände und dem Museumshafen Övelgönne hindurch. Lediglich Insider wissen, dass der graue Betonklotz vor dem Elbstrand das Lüftergebäude des Neuen Elbtunnels ist, das gleichzeitig als Notausgang dient.

Die Autobahn taucht von Süden kommend neben dem HHLA-Containerterminal auf Waltershof unter die Elbe ab und kommt erst nach über drei Kilometern in Othmarschen wieder an die Oberfläche. Dabei hat der Fahrer nicht nur die Elbe und die Schiffe am Athabaskakai unterquert, sondern auch den Elbhang und die Elbchaussee.

Ursprünglich war der Tunnel ab 1968 mit drei Röhren und sechs Spuren gebaut worden, die sich jedoch schnell als überlastet erwiesen. Schließlich erfolgte der Bau einer weiteren Röhre, die im Jahr 2002 in Betrieb genommen wurde. Mit einer Wassertiefe von circa 24 Metern über der Oberkante des Neuen Elbtunnels kann das Fahrwasser unabhängig vom Wasserstand auch von großen Schiffen jederzeit passiert werden und limitiert derzeit noch somit nicht den Hafenbetrieb, wie im Falle des Alten Elbtunnels. Sollte ein weiterer Ausbau des Hafens anstehen, dürfte die Fahrwasseranpassung an dieser Stelle aber bei gut 19 Meter Wassertiefe enden, um das Bauwerk nicht zu gefährden. Denn drei der vier Röhren wurden bei ihrem Bau nicht durch den Boden gebohrt, sondern in eine mächtige Rinne im Elbgrund hineingelegt, die anschließend mit Sand verfüllt wurde. Die Röhren könnten – weil sie hohl sind

Neuer Elbtunnel	
Erbaut:	1968–1975 (1997–2002*)
Röhren:	4
Länge:	3.325 m
Wassertiefe ü. d. Tunnel:	ca. 24 m (28 m*)
Röhrendurchmesser:	10,80 m (14,20* m)
Fahrzeuge pro Tag:	ca. 120.000
	* vierte Röhre

– aufschwimmen, wenn man zu viel von der Deckschicht wieder abgräbt.

Der Neue Elbtunnel gehört zu den längsten Unterwasserstraßentunneln der Welt. Vor seinem Bau wurde der gesamte Nord-Süd-Verkehr östlich an Hamburg vorbei über die Elbbrücken geleitet, die A7 von Süden kommend endete in Hamburg Mitte, zur dänischen Grenze gab es diese Autobahn noch nicht oder sie war erst in Teilen vorhanden. Der Tunnel stellt also die westlichste feste Straßenquerung der Elbe dar, ihr gesamter Unterlauf bis zur Nordsee kann nur noch mit Fähren überbrückt werden. Der Verkehr aus dem westlichen Schleswig-Holstein Richtung Süden muss daher den Weg über Hamburg nehmen, sicherlich ein Grund für die permanente Überlastung des Elbtunnels. Wann eine westlichere Elbquerung mit der Autobahn A20 in Höhe Glückstadt möglich sein wird, ist immer noch unklar; beschlossen scheint derzeit ein mächtiger Straßentunnel, von dem bisher aber weder Baubeginn noch Fertigstellung datiert sind.

Köhlbrandbrücke ③

Um den Hafen von der Autobahn A7 auf Hamburgs Westseite erreichen zu können, wurde 1974 die Köhlbrandbrücke in Betrieb genommen. Sie überquert den Köhlbrand, der weiter im Süden in die Süderelbe übergeht. Die Brücke ermöglicht eine Verbindung zwischen der A1 und der A7 durch den Hafen, viel des Hinterlandverkehrs der großen Containerterminals Altenwerder, Eurogate und HHLA Burchardkai auf die Autobahn 1 Richtung Norden sowie Tollerort auf die Autobahn 7 werden über die zweitlängste Straßenbrücke Deutschlands abgewickelt. Damit wird sie

Köhlbrandbrücke	
Erbaut:	1970–1974
Länge:	3.618 m
Größte Spannweite:	325 m
Höhe ü. d. Wasseroberfläche:	53 m
Fahrzeuge pro Tag:	ca. 30.000

nahezu ausschließlich vom Frachtverkehr genutzt. Unter ihrem bis zu 53 Meter hohen Mittelteil müssen Containerriesen bis zum neuen Container Terminal Altenwerder sowie Tanker und Bulker in die südlich gelegenen Häfen der Süderelbe und des Reiherstiegs passieren.

Im Jahre 2028, so wird derzeit geschätzt, könnte es nötig sein, die zur Hamburger Skyline gehörende Schrägseilbrücke abzureißen. Dann – so die Vermutung – könnten die neuen Containerschiffe so groß geworden sein, dass sie nicht mehr hindurch passen. Zudem ist bis dahin die Bausubstanz der Brücke vermutlich derart schlecht, dass sich eine Sanierung nicht mehr lohnen würde – eine Folge

der Bauverfahren in den 1970er Jahren, die sich seitdem erheblich verbessert haben.

Kattwykbrücke ④

Die Kattwykbrücke ist ein technischer Leckerbissen und gleichzeitig das Nadelöhr, das alle Schiffe auf der Süderelbe auf dem Weg zu den südlichen Hafenbecken, wie die Seehäfen 1 bis 4, passieren müssen. Sie verbindet die Elbinsel Wilhelmsburg mit dem Festland. Bei der 1973 fertig gestellten Brücke kann das Mittelteil über Elektromotoren und Stahlseile um bis zu 46 Meter (53 Meter über die Wasseroberfläche) ange-

Oben Für die Schiffe bleibt nur wenig Platz, eine Anzeige in der Brückenmitte informiert den Kapitän je nach Wasserstand über die aktuelle Durchfahrtshöhe.

Links Vor allem LKW- und Hafenverkehr überqueren den Köhlbrand über die spektakuläre Schrägseilbrücke.
Foto: B. Bühler (Brückenpylon)

Beladene Binnenschiffe können ohne Stopp passieren, für Seeschiffe auf dem Weg in die Süderelbe wird das Mittelteil der Kattwykbrücke angehoben.

Kattwykbrücke	
Erbaut:	1973
Länge:	290 m
Durchfahrtsbreite:	ca. 100 m
min. Durchfahrtshöhe geöffnet:	51 m
min. Durchfahrtshöhe geschlossen:	5,20 m
Größter Hub:	46 Meter
Fahrzeuge pro Tag:	ca. 10.000
Güterzüge pro Tag:	ca. 40

hoben werden. Der Straßen- und Schienenverkehr, der sich die Brücke teilt, muss warten, bis das Schiff durchgefahren ist und das Brückenmittelteil wieder abgesenkt wird.

Welche Auswirkungen ein technisches Problem der größten Hubbrücke der Welt haben kann, zeigte ein Lagerbruch in einer Seiltrommel 2008: Die Brücke war sechs Wochen in einer Höhe von 17 Metern blockiert, alle größeren Schiffe konnten die südlichen Hafenteile nicht mehr erreichen. Unter dem ständig zunehmenden Verkehr ermüdet das Material der Brücke zunehmend, eine neue Eisenbahnbrücke ist bereits in Planung.

Rethe-Hubbrücke ⑤

Ende der 1920er Jahre wurde der Hafen um die Elbinsel Hohe Schaar erweitert, die mit der Rethe-Hubbrücke an den Freihafen angebunden wurde. Sie bestand bei ihrer Eröffnung 1934 aus zwei genieteten, 57 Meter hohen Türmen, zwischen denen das Brückenteil in die Höhe gezogen werden konnte. Dafür ist es an 16 Stahlseilen aufgehängt und wird mit zwei je 320 Tonnen schweren Gegengewichten in der Balance gehalten. 1986 wurde die Brücke zu flach für die größer werdenden Schiffe. Sie wurde beiderseits auf fast 12 Meter hohe stählerne Sockel gestellt, ihre Türme erhöhten sich auf 69 Meter. Wie die Kattwykbrücke ist die Mechanik die Engstelle, mehrfach blieb das Brückenteil in den letzten Jahrzehnten auf halber Höhe hängen.

Die schwerer werdenden Fahrzeuge lassen auch hier den Stahl ermüden, in den vergangenen zehn Jahren hat nach Informationen der Hafenverwaltung der Verkehr um 25 Prozent zugenommen. 2012 soll daher die Rethe-Hubbrücke einer mindestens ebenso spektakulären neuen

Konstruktion weichen: dann will Hamburg an dieser Stelle die größte Klappbrücke der Welt errichten. Sie wird mit 104 Metern Spannweite den bisherigen Rekordhalter im Hafen von Valencia (Spanien) um sechs Meter übertreffen. Eine Herausforderung für die Ingenieure dürfte der Neubau im weichen Hafenboden werden: Die mächtigen Fundamente in unmittelbarer Nähe der Hubbrücke müssen so vorsichtig gegründet werden, dass sich die alte Brücke während der Bauzeit nicht senkt oder verdreht. Schon eine geringfügige Bewegung des Bodens könnte zu einem endgültigen Blockieren von deren Hubteil mit unabsehbaren Folgen für den Hafenverkehr in diesem Bereich führen. Ein Notfallplan sieht vor, dann mit einem mächtigen Schwimmkran sofort das Mittelteil zu entfernen. Ein Vorgang, der mit zwei Wochen veranschlagt wird!

Die Rethe-Hubbrücke ist das Nadelöhr in den südlichen Reiherstieg, hat sie einen Defekt, stehen dutzende Güterzüge still und die Schifffahrt liegt fast komplett brach.

Reiherstieg-Klappbrücke	
Erbaut:	1984–1986
Spannweite:	47 m
Durchfahrtsbreite:	17 m

Rethe-Hubbrücke	
Erbaut:	1933–1934
Durchfahrtsbreite:	73 m
Höhe der Türme:	69 m
Größter Hub:	46 Meter
min. Durchfahrtshöhe geöffnet:	51 m
min. Durchfahrtshöhe geschlossen:	4 m
Fahrzeuge pro Tag:	ca. 11.000
Güterzüge pro Tag:	ca. 40

Reiherstieg-Klappbrücke ⑥

Obwohl der mittlere Reiherstieg mit seiner geringen Wassertiefe (3 Meter) für den Seeverkehr unerheblich ist, ist die Klappbrücke, die ihn überspannt, bemerkenswert. Sie ist eine so genannte einarmige Waagebalkenbrücke und war bei ihrer Fertigstellung die größte ihrer Art in Europa. An dieser Stelle entstanden bereits 1898 und 1956 Vorgängerbrücken, die die Inseln Wilhelmsburg und Neuhof verbanden.

Der mittlere Reiherstieg wird von einer Waagenbalkenbrücke überspannt.

Hier endet der Hafen. Vier Brücken lassen den Autoverkehr nach Wilhelmsburg fließen sowie die Bahn und die Autobahn 1 passieren.
Fotos: Bühler/Reissig

Hamburgs Elbbrücken ⑦

Heute kann man sich kaum eine Vorstellung davon machen, wie schwierig es vor 150 Jahren gewesen sein muss, die Elbe zu überqueren. Wer vor dem Bau der Elbbrücken von Süden kommend in die Hansestadt wollte, musste erst die Süderelbe auf die Insel Wilhelmsburg und dann die Norderelbe bis in die Stadt Hamburg jeweils mit einer Fähre überqueren.

Schließlich sollte mit einer ersten Brücke eine Strecke von über 300 Metern überwunden werden. Als Standort für den Bau kam nur eine Stelle östlich des Hafens in Frage, um den Seeschiffsverkehr, der mit großen Frachtenseglern schon zu dieser Zeit den Hamburger Hafen

erreichte, nicht zu behindern. Ende des 19. Jahrhunderts (1872) konnte erstmals ein Zug von Hamburg nach Harburg über die neuen Eisenbahnbrücken rollen. Die markante, genietete Stahlkonstruktion tut an dieser Stelle noch heute ihren Dienst und ist die westlichste Eisenbahn-Elbquerung. Auf den folgenden 100 Kilometern bis zur Nordsee wäre das aufgrund der Schifffahrt nur noch mit großen Schwierigkeiten möglich. Alle Züge aus dem westlichen Schleswig-Holstein müssen daher auf dem Weg nach Süden durch Hamburg.

Die neuen Elbbrücken ermöglichten auch Fußgängern und Fahrzeugen ab 1899 die Norderelbquerung. Neben die Eisenbahnbrücken wurde schließlich noch ab 1916 eine eigene Freihafenelbbrücke gebaut, die die nördlich und südlich der Elbe gelegenen Freihafenteile ohne den Zwang von Kontrollen miteinander verband. Sie gehörte damit zumindest bis zur Verlegung der Freihafengrenze im Jahr 2003 auf die südliche Hafenseite (Freihafen, Seite 89), direkt zu den Bauwerken des Hamburger Hafens.

Auch die Süderelbe wird mit mehreren nebeneinander liegenden Brücken überspannt. Auf ihnen queren die Autobahn, die Bahn sowie eine Bundesstraße den Fluss. Die malerische Harburger Elbbrücke, auf der ab 1899 erstmals Straßenfahrzeuge die Süderelbe überqueren konnten, ist heute für den Verkehr außer Betrieb und dient nur noch als Fußgängerbrücke.

Die Hafenbahn

Der Hamburger Hafen benötigt eine eigene Eisenbahn, um die täglich anfallenden Frachtmengen zu bewältigen. Ein Viertel des gesamten Frachtaufkommens wird mit der Bahn an- oder abgeliefert. Das erledigt jedoch nicht die Deutsche Bahn, sondern 65 private EVU (Eisenbahn-Verkehrs-Unternehmen), die ihre jährlich fast 60.000 Güterzüge über die Gleise der Bahn ans Ziel bringen. Elf Prozent des gesamten Güterzugverkehrs der Bundesrepublik erreicht oder verlässt den Hamburger Hafen. Die 304 Kilometer Gleise auf dem Hafengelände werden von der HPA (Hamburg Port Authority) verwaltet, viele am Hafen ansässige Unternehmen unterhalten eigene Bahnhöfe, um die Fracht direkt zu verladen. Damit steht Hamburg auf Platz zwei der größten Güterzugumschlagplätze der Welt. Rund 200 Züge verließen im Jahr 2008 Hamburg täglich, um die Waren von Dänemark bis nach Ungarn und bis in die Schweiz oder nach Russland zu transportieren.

Jeder zehnte Güterzug, der durch Deutschland rollt, ist auf dem Wege in den Hamburger Hafen oder kommt von dort.
Kleines Foto: HHLA

Hamburger Hafenbahn in Zahlen	
Transportaufkommen/Jahr	39,8 Mio. Tonnen
Containeraufkommen/Jahr	1,89 Mio. TEU*
Containeraufkommen/Tag	ca. 5.200 TEU*
Güterzüge/Jahr	58.835
Güterzüge/Tag	ca. 200
Waggons/Tag	ca. 4.300
Anteil am Güterzugverkehr Deutschlands	11 %
Private Eisenbahn-Verkehrsunternehmen	65
Länge Gleisanlagen	304 km

*Stand 2008; * Twenty feet Equivalent Unit (20-Fuß-Container)*

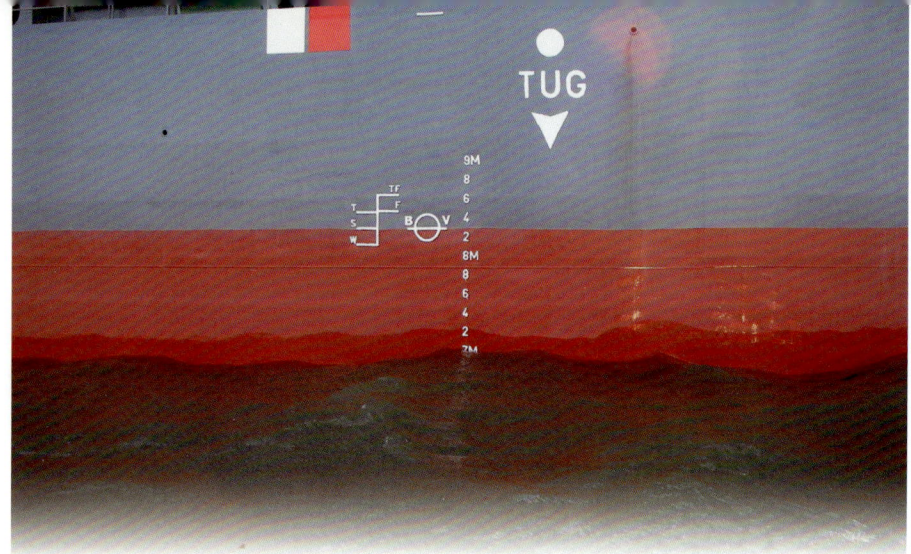

EIN HAFEN IM FLUSS

Oben Die Tiefgangsmarke gibt an, wie weit ein Schiff eintauchen darf, je nach Saison und Wasserdichte. W: Winter; S: Sommer; T: Tropen; F: Frischwasser; TF: Tropen-Frischwasser.

Was von außen wie ein Wirrwarr von Schiffsbewegungen aussieht, hat im Hafen eine klare Struktur. Jedes Schiff – außer der Sportschifffahrt – hat seine bestimmten Aufgaben, Ausgangsorte und Ziele. Vorgegeben ist das bei der Frachtschifffahrt durch die Art der Ladung, die nicht überall gelöscht (entladen) werden kann, sondern nur an bestimmten so genannten Terminals, also Anlegestellen, die auf bestimmte Frachten spezialisiert sind. Nach diesen Terminals ist der Hafen unterteilt, denn der andere beschränkende Faktor ist der Tiefgang der Schiffe: So genannte Megacarrier (also riesige Frachtschiffe und Tan-

ker) haben häufig einen Tiefgang von 15 Metern und mehr, das entspricht der Höhe eines fünfstöckigen Hauses.

So tief ist der Hafen natürlich nicht überall, die Elbe ist ein Fluss, der in Hamburg angekommen schon fast 1.000 Kilometer und rund 1.300 Höhenmeter hinter sich hat. Auf dieser Strecke sammelt er eine Unmenge Sedimente an, die sich durch Strömungen und Verwirbelungen anlagern und Schlickbänke bilden. Der große Fluss will sich permanent verändern. Überall, wo die Elbe kommerziell genutzt wird, wird die Wassertiefe durch Bagger künstlich konstant gehalten, damit die großen Frachtschiffe an ihren Liegeplatz kommen (siehe Bagger, Seite 98).

Mit einer Tiefe von gut fünf Metern fließt die Elbe unter den Elbbrücken aus Deutschlands Südosten kommend in den Hafen hinein und fällt bereits in Höhe des Überseezentrums auf eine Tiefe von reichlich zehn Meter ab. Von den Landungsbrücken aus gesehen nach rechts (also elbabwärts) windet sich die Elbe vorbei an den Docks von Blohm+Voss und den Containerterminals aus dem Hamburger Hafen noch 100 Kilometer hinaus Richtung Cuxhaven und der Nordsee. Auch im gesamten Unterlauf der Elbe zwischen Hamburg und der Elbmündung muss dafür permanent gebaggert und das Fahrwasser vertieft werden, da es durch die Schwebstoffe des Flusses schnell verschlicken oder versanden würde (Elbvertiefung, Seite 96). Umweltpolitisch ist das ein Spagat, aber wenn Hamburg als Seehafen so weit im Landesinneren überleben möchte, muss der Zugang zum Meer permanent eine bestimmte Mindesttiefe aufweisen. Derzeit liegt sie bei 14,90 Metern, eine Vertiefung auf fast 16 Meter soll Schiffen mit einem Tiefgang bis 14,50 Meter in Zukunft permanent die Einfahrt nach Hamburg ermöglichen.

Ebbe, Flut und Tiefgang

Die Nordsee ist ein so genanntes Gezeiten- oder Tidegewässer. Durch die Anziehungskraft des Mondes und die Bewegung der Erde um die Sonne entstehen Massenbewegungen des Wassers, die die Nordsee an den Küsten ansteigen (Flut) und absinken (Ebbe) lassen. Der höchste Punkt wird als Hochwasser bezeichnet, der niedrigste als Niedrigwasser (fälschlicherweise werden auch Hoch- und Niedrigwasser selbst oft als Flut und Ebbe bezeichnet). Diese Gezeiten treten an der offenen See im Abstand von 12 Stunden und 25 Minuten ein. Gute sechs Stunden steigt also das Wasser, dann fällt es wieder reichlich sechs Stunden.

Auch der Hamburger Hafen ist mit seiner Verbindung zur Nordsee ein Tidegewässer mit daraus resultierendem variierendem Wasserstand. Hier trifft dieses Naturphänomen zudem mit der Fließrichtung der Elbe zusammen. Das heißt, bei Flut (also auflaufendem Wasser) stehen sich der Flutstrom und die Fließbewegung der Elbe entgegen und bei Ebbe (fallendem Wasser) ergänzen sie sich Richtung Nordsee. Die Auswirkung sind verschobene Zeiten bei Ebbe und Flut; gegen den Strom flutet es im Schnitt ungefähr fünf Stunden, während es rund sieben Stunden wieder ebbt. Die 12 Stunden und 25 Minuten zwischen den Gezeiten bleiben jedoch gleich.

Presst starker Wind aus westlicher Richtung zudem das Nordseewasser in die Elbe, kann es zu so genannten Sturmfluten kommen. Dann läuft das Wasser im Hafen statt durchschnittlich 2,10 Meter bei Flut auf fünf Meter und mehr auf, die Hochwasserschutzanlagen sind gerade aufgestockt worden. Dass dagegen der St.-Pauli-Fischmarkt telegen in den Fluten versinkt, ist übrigens nicht

ungewöhnlich – er liegt außerhalb der Schutzanlagen und alle Gebäude sind für die regelmäßigen Überflutungen mit speziellen Schutztüren ausgelegt.

Dem Hafenbetrieb macht dieser Niveauunterschied des Wassers zumeist nichts aus. Während sich die Schiffe an den Piers im Zeitlupentempo und damit für die Be- und Entladung kalkulierbar auf und ab bewegen, ist davon auf den Landungsbrücken oder der Überseebrücke gar nichts zu spüren: Sie schwimmen wie Schiffe mit den Gezeiten auf der Elbe. Für die Schifffahrt ist das Wissen um die Gezeiten eine Notwendigkeit. Große Schiffe fahren mit dem Flutstrom von der Nordsee die Elbe hinauf und kommen im Hafen bei Hochwasser an. In diesem Moment zwischen Ebbe und Flut herrscht Stauwasser, wie man hier sagt. Die Elbe hört auf zu fließen und die Schiffe können unbeeinflusst von der Strömung gedreht und manövriert werden. Man kann sich vorstellen, was ein Schiff mit zehn Meter Tiefgang und 250 Meter Länge der Elbe unter Wasser für eine gewaltige Fläche entgegensetzt. Ist das Schiff nicht zu Stauwasser da, heißt die Regel: Immer mit dem Bug gegen den Strom anlegen.

Die Tiefenangaben für die Gewässer orientieren sich am Niedrigwasser, dem so genannten Kartennull der Seekarten. Ist das Wasser ganz abgelaufen, sollte also immer die in der Karte eingetragene Mindestwassertiefe herrschen. Der Kapitän vergleicht sie mit dem Tiefgang seines Schiffes und entscheidet, ob er diese Stelle passieren kann oder nicht. Bei Hochwasser ist der Wasserstand dagegen höher,

Dass der Fischmarkt dann und wann in den Fluten versinkt, ist normal. Er liegt außerhalb der Flutschutzanlagen.

als in den Seekarten angegeben, er kann dann eine Reserve von drei Metern und mehr bieten. Das ist der Grund, warum große Schiffe ihre Manöver (an- und ablegen oder drehen) in Hamburg immer bei Hochwasser fahren.

Der Tiefgang der Schiffe richtet sich nach ihrer Ladung, nicht immer muss also mit dem maximalen, in den Schiffspapieren eingetragenen Tiefgang gerechnet werden. So können halb beladene Schiffe Stellen passieren, die sie voll beladen nicht befahren könnten. Schiffe mit einem Tiefgang bis 12,80 Meter gelten als tideunabhängig, sie können den Hamburger Hafen bis in den Bereich der Docks von Blohm+Voss unabhängig von Ebbe oder Flut jederzeit anlaufen, dahinter ist es bei Niedrigwasser auch für sie zu flach. Tiefer gehende Schiffe gelten als tideabhängig, sie können den Hafen nur mit auflaufendem Wasser (der so genannten Flutwelle) anlaufen; dasselbe gilt für das Verlassen des Hafens mit der Ebbe. Da ist für den Kapitän und den Lotsen gute Planung notwendig, den richtigen Zeitpunkt (das Tidefenster) auch zu treffen. Wer große Schiffe beobachten möchte, sollte also kurz vor Hochwasser am Strand stehen, wenn für kurze Zeit regelrecht Rushhour auf der Elbe ist. Als maximaler Tiefgang gelten für Schiffe, die Hamburg anlaufen wollen, derzeit gut 15 Meter.

Flutschutz

Ein Großteil des Hafens liegt außerhalb der Hochwasserschutzanlagen, ist also bei einer Sturmflut gefährdet, überspült zu werden. Die Gefahr einer schweren Sturmflut ist in Hamburg allgegenwärtig. Im Jahr 1962 kamen auf der Elbinsel Wilhelmsburg 315 Menschen ums Leben, als Sturmtief Vincinette über die Nordsee und die Deutsche Bucht hinwegzog. Auf 3,61 Meter über das mittlere Hochwasser stieg der Pegel und ließ Deiche im Alten Land und im Bereich der Süderelbe brechen. Für Hamburg war das ein Horrorszenario, gegen das es kaum Mittel gab. Weder die Warnung noch die Evakuierung der Bevölkerung waren zentral geregelt.

Heute gibt es für den Hamburger Hafen ein ausgeklügeltes Warn- und Evakuierungssystem im Falle einer Sturmflut. Entgegen der Hamburger Wohngebiete (mit Ausnahme zum Beispiel des Fischmarktes) liegen jedoch meist nur die Hafengebiete außerhalb der Hochwasserschutzanlagen. Läuft das Wasser im Falle einer Sturmflut sehr weit auf, müssen sie je nach ihrer geografischen Lage geräumt werden. Das mittlere Hochwasser, also die normale Fluthöhe, beträgt in Hamburg 2,09 Meter über Normalnull. Heftige Weststürme können es jedoch noch einmal vier Meter oder mehr steigen lassen.

Für den Hafenbetrieb hat das Wetter also trotz aller Schutzmaßnahmen der vergangenen Jahre immer noch unmittelbare Auswirkungen. Ab 1,50 Meter über mittlerem Hochwasser spricht man von einer Sturmflut, tief liegende Straßen werden gesperrt, ab 2,50 Meter wird eine schwere Sturmflut erwartet. Läuft das Wasser mehr als drei Meter über das mittlere Hochwasser auf, werden ganze Teile des Hafens gesperrt. Ab 3,50 Meter liegt eine sehr schwere Sturmflut vor, zusätzlich zu den Sperrungen werden jetzt Teile des Hafens geräumt. Ab ungefähr 4,40 Meter über dem mittleren Hochwasser erfolgen die Sperrung des gesamten Hafens sowie die Evakuierung der Hafenbewohner. Steigt das Wasser auf mehr als fünf Meter

Der Brückenpegel gibt dem Kapitän Auskunft, wie groß die Durchfahrtshöhe je nach Wasserstand ist.

über dem mittleren Hochwasser, ist der gesamte Hafen gesperrt. Zusätzlich werden tief liegende Wohngebiete hinter den Deichen wie Wilhelmsburg oder Finkenwerder evakuiert.

Für die Sperrung oder Räumung bei einer Sturmflut ist das Hafengebiet in verschiedene Räumgebiete eingeteilt, die je nach zu erwartendem Wasserstand verlassen werden müssen. Rechtzeitig vor Eintritt einer Sturmflut wird, je nach dem erwarteten Wasserstand, durch Böllerschüsse, Rundfunkdurchsagen, Sirenensignal und durch örtliche Lautsprecherdurchsagen gewarnt. So weisen zum Beispiel zwei Böllerschüsse etwa acht Stunden vor dem zu erwartenden Hochwasser auf einen Wasserstand von über 1,50 Meter über dem mittleren Hochwasser hin.

Eine Ausnahme bilden die Containerterminals, die über einen eigenen Hochwasserschutz verfügen. Das Eurogate- und das Terminal Burchardkai haben auf der Kaikante Flut-

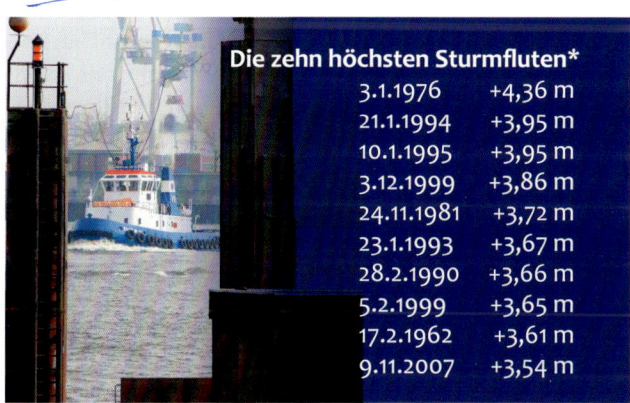

Ist mit einer Sturmflut zu rechnen, werden die Flutschutztore geschlossen (hier an den Landungsbrücken und dem Eurogate Container Terminal).

schutzmauern erstellt, damit der Containerlagerplatz nicht voll läuft; wenn Hochwasseralarm gegeben wird, werden die Tore geschlossen und die Entwässerungsschächte durch Schieber gesichert, damit die wertvollen Container nicht im Wasser stehen. Das Container Terminal Altenwerder wurde beim Bau sogar bereits für eine Wasserstandshöhe von 7,50 Meter über Normalnull (5,41 Meter über mittlerem Hochwasser), also hochwassersicher, hergestellt.

Für die Zukunft wird damit gerechnet, dass sich die Stadt für Hochwasser wappnen muss, die noch höher ausfallen. Dafür wurden die Hochwasserschutzanlagen entlang der innerstädtischen Elbseite schon auf 8,10 Meter über Normalnull, also gut sechs Meter über dem mittleren Hochwasser, erhöht. Lediglich der Fischmarkt liegt außerhalb der Schutzanlagen: dass er bereits ab einem Wasserstand von wenigen Metern über dem mittleren Hochwasser versinkt, ist also normal.

Die zehn höchsten Sturmfluten*

3.1.1976	+4,36 m
21.1.1994	+3,95 m
10.1.1995	+3,95 m
3.12.1999	+3,86 m
24.11.1981	+3,72 m
23.1.1993	+3,67 m
28.2.1990	+3,66 m
5.2.1999	+3,65 m
17.2.1962	+3,61 m
9.11.2007	+3,54 m

* Gemessen in St. Pauli,
Angabe jeweils über dem mittleren Hochwasser

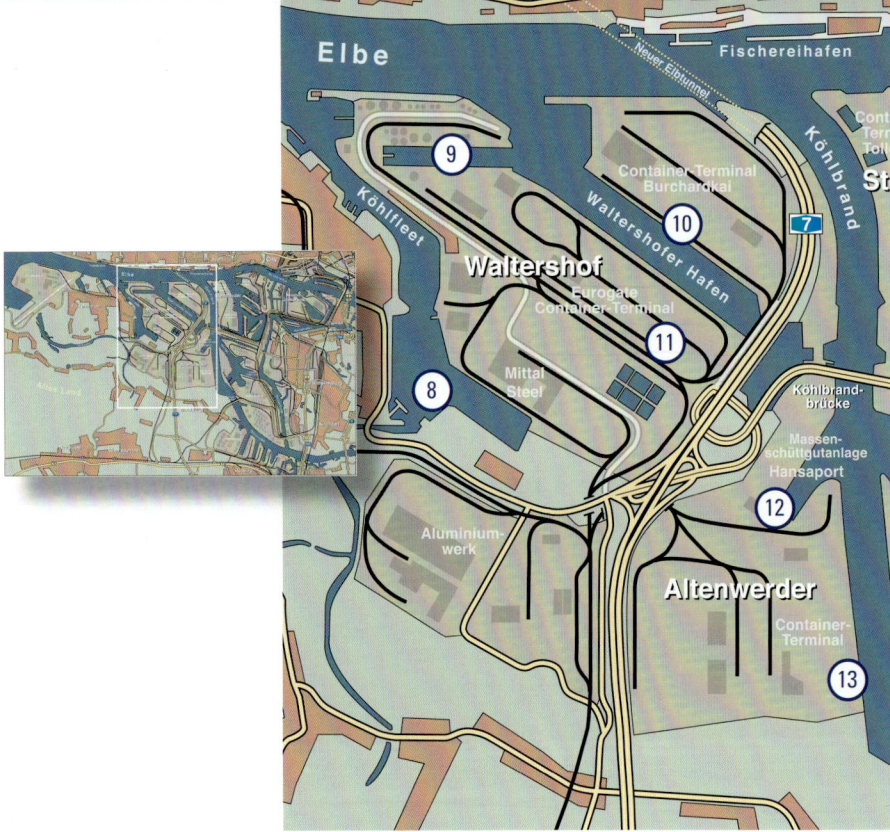

Größtenteils per Hafenbahn kommen die Rohstoffe Eisenerz und Kohle aus dem Hansaport für das gegenüberliegende Stahlwerk Mittal Steel Hamburg im Dradenauhafen an; ein Teil der Rohstoffe wird hier direkt angelandet und mit der mächtigen Entladebrücke gelöscht. Auf dem Liegeplatz können Schiffe auf einer Wassertiefe von 13,80 Meter liegen. Die indische Mittal Steel ist der weltgrößte Stahlkonzern mit Standorten in 18 Ländern und stellt in Hamburg jährlich mehrere hunderttausend Tonnen Walzdraht her, der in so genannten Coils direkt vom Werk auf die Seeschiffe verladen wird. Der Liegeplatz unter dem alten Kampnagel-Hafenkran weist eine Tiefe von bis zu 4,80 Meter auf. Auf einem weiteren Liegeplatz legen Schiffe mit Schrott an, der mit einem Greifer entladen und direkt zum Einschmelzen ins Stahlwerk gebracht wird.

Ebenfalls im Dradenauhafen legen die Stückgutfrachter an, die einen Teil der Fertigprodukte von Mittal Steel für den Export an Bord bringen oder andere schwere Güte bewegen. Der Liegeplatz am Rhenus Logistic Terminal ist elf Meter tief.

Petroleumhafen ⑨

Nachdem die BP-Raffinerie schon vor einiger Zeit stillgelegt und abgerissen wurde, wird das Gelände des Petroleumhafens nur noch als Tanklager und Umschlaghafen für verschiedene flüssige Güter genutzt. Dafür stehen bis zu elf Meter tiefe Liegeplätze mit speziellen Entladearmen und Tanklagern zur Verfügung. Bis 2016 soll der Hafen zugeschüttet und als Erweiterungsfläche für das benachbarte Eurogate-Containerterminal genutzt werden.

Container Terminal Burchardkai (CTB) ⑩

Zwischen den Fahrwassertonnen 134 und 136 (gegenüber des Elbstrandes mit seiner berühmten »Strandperle«) zweigt der Waltershofer Hafen (Wassertiefe 12–14,70 Meter) ab. Am nördlichen HHLA Container Ter-

minal Burchardkai (CTB) wurden 1968 die ersten Container in Hamburg entladen. Heute können bis zu acht Containerschiffe gleichzeitig abgefertigt werden. Insgesamt stehen 26 so genannte Containerbrücken (Kräne, die sich über die mehr als 40 Meter breiten Ozeanriesen klappen lassen) und 120 Van Carrier zum Transport zur Verfügung, um die bis zu 30 Tonnen schweren Container von und wieder an Bord zu bringen und auf dem 1,4 Hektar großen Gelände zu bewegen und zu stapeln. Nur in den seltensten Fällen werden alle Container einer Schiffsladung in einem Hafen entladen und durch neue ersetzt: Zumeist wird nur ein Teil auf der Rundreise des Schiffes (siehe Containerschiff, Seite 65) gelöscht und ein anderer Teil wieder zugeladen, ehe es in den nächsten Hafen weitergeht.

Bis zu 5.000 Schiffe legen pro Jahr hier an. 53 LKW-Spuren und acht Gleise sorgen für den Weitertransport. Die Liegeplätze am Athabaskakai (bis zu 14,40 Meter tief) an der Norderelbe gegenüber des Museumshafens Övelgönne lassen sich direkt vom Elbstrand beobachten, ebenso die Manöver der Containerriesen, wenn die teilweise über 300 Meter langen Schiffe gedreht werden. Dafür ist hier, wie an mehreren Stellen im ganzen Hafengebiet, ein spezieller Wendekreis vorgesehen.

Derzeit wird das CTB nach dem Vorbild des Containerterminals Altenwerder ausgebaut. In den Blocklagern sollen dann mit drei Kränen sechs statt bisher drei Container übereinander gestapelt werden, was einer Verdopplung der Kapazität auf der gleichen Grundfläche gleichkommt. Die neuen Containerbrücken werden in der Lage sein, jeweils zwei 40-Fuß-Container (Ein TEU erobert die Welt, Seite 67) gleichzeitig greifen zu können.

Oben Die Container werden in so genannten Blocklagern zwischengelagert, hier am Burchardkai.
Foto: HHLA

Die Manöver der Überseeriesen sind am Athabaskakai des Container Terminal Burchardkai gegenüber dem Elbstrand am besten zu beobachten.

Eurogate-Terminal ⑪

Am zum Eurogate-Terminal gehörenden Predöhlkai haben auf zwei Kilometer Länge bis zu sechs große Containerschiffe Platz, die mit 21 klappbaren Containerbrücken entladen werden können. Knapp zwei Millionen TEU werden am Predöhlkai (bis 14,50 Meter tief) jährlich umgeschlagen, bis zu sechs Millionen sollen es 2016 werden (Hafenerweiterung, Seite 54). Zudem verfügt Eurogate über den größten Bahnhof für kombinierten Güterverkehr in Deutschland. Wie auf dem Burchardkai- und Tollerort Terminal werden die Container mit Van Carriern transportiert. Riesige wie Spinnen anmutende Fahrzeuge, die die Kisten aufnehmen und in den Blocklagern in mehreren Lagen übereinander stapeln. Im Gegensatz zum Container Terminal Altenwerder (Seite 39) werden die meisten Transport- und Umladearbeiten noch von Menschen ausgeführt und gesteuert.

Um die knappen Terminalkapazitäten an den Liegeplätzen in Zukunft noch besser zu nutzen, arbeiten die beiden Konkurrenten HHLA-Burchardkai und Eurogate in einigen Bereichen zusammen. So koordinieren sie bereits gemeinsam den Feederverkehr (Feeder, Seite 69), um die Abfertigungszeiten der Zubringerschiffe zu verkürzen. In Zukunft wollen beide Firmen im Binnenland Container auf so genannten Hinterlandterminals gemeinsam sammeln, um sie konzentrierter nach Hamburg weiterleiten zu können; man rückt zusammen, auch das eine Reaktion auf die Krise.

Sandauhafen/Hansaport ⑫

Gleich hinter der Köhlbrandbrücke liegt der Hansaport im Sandauhafen, Deutschlands größtes Terminal für Erz und Kohle. Hier legen große Bulker (Massengutschiff, Seite 70) an, die die Rohstoffe für die Salzgitter AG (der Stahlproduzent ist 49-prozentiger Anteilseigner am Hansaport), sowie für das Stahlwerk im Dradenauhafen (Seite 35) entladen. Mit bis zu vier Entladebrücken gleichzeitig werden die zum Beispiel aus Südafrika kommenden Frachter mit mächtigen Greifern (je 38 Tonnen Kapazität) entladen. Die Hafenbahn transportiert Kohle und das Erz zum Teil direkt in die Stahlwerke. Zwei große Bulker haben Platz an der Salzgitterpier und dem Peinekai des Sandauhafens vor dem Hansaport; bis zu 100.000 Tonnen Fracht können täglich entladen werden.

Die Vancarrier am Eurogate-Terminal stapeln die Container in drei Lagen übereinander.

Mit 15 Metern Tiefe ist es eine der tiefsten Stellen des Hafens und bietet auch sehr großen Schiffen Platz.

Container Terminal Altenwerder (CTA) ⑬

Dort wo das ehemalige Fischerdörfchen Altenwerder an der Süderelbe lag, ist eines der modernsten und effektivsten Containerterminals weltweit entstanden. Nach etlichen Jahren des Protestes wurde das Dorf (das seit 1960 zur Hafenerweiterungsfläche gehörte) abgerissen, 1998 verließen die letzten Bewohner ihre Häuser. Nur die unter Denkmalschutz stehende St.-Gertrud-Kirche steht noch skurril und einsam neben dem fast riesigen Terminal. Auf dem CTA wurden weniger Arbeitsplätze geschaffen als ursprünglich erwartet (circa 800, vor allem aufgrund der im Umfeld angesiedelten Betriebe), das HHLA-Container Terminal Altenwerder besticht vor allem durch seinen hohen Automatisierungsgrad und gilt damit weltweit als das modernste seiner Art. Die

Oben Auf den Halden des Hansaterminals lagern unter anderem Eisenerz und Kohle zur Stahlherstellung.
Foto: HHLA

Mit mehreren mächtigen Greifern werden Schiffe wie die knapp 270 Meter lange SAAR N an mehreren Luken gleichzeitig entladen.

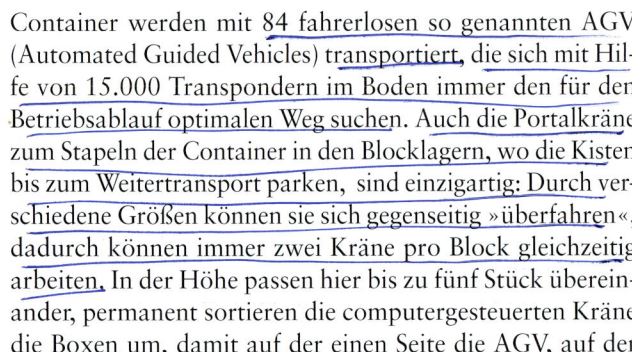

Container werden mit 84 fahrerlosen so genannten AGV (Automated Guided Vehicles) transportiert, die sich mit Hilfe von 15.000 Transpondern im Boden immer den für den Betriebsablauf optimalen Weg suchen. Auch die Portalkräne zum Stapeln der Container in den Blocklagern, wo die Kisten bis zum Weitertransport parken, sind einzigartig: Durch verschiedene Größen können sie sich gegenseitig »überfahren«, dadurch können immer zwei Kräne pro Block gleichzeitig arbeiten. In der Höhe passen hier bis zu fünf Stück übereinander, permanent sortieren die computergesteuerten Kräne die Boxen um, damit auf der einen Seite die AGV, auf der

Altenwerder ist voll automatisiert. Fahrerlose Fahrzeuge transportieren die Container vom Schiff in die Blocklager, wo sie von ebenfalls automatischen Kränen sortiert werden.

anderen Seite die LKWs möglichst effizient ent- und beladen werden können. Zu 25 Prozent ist die Hamburger Hapag-Lloyd Reederei als strategischer Partner am CTA beteiligt und fertigt ihre Schiffe bevorzugt hier ab.

Bei einer Wassertiefe von 14,70 Metern können mit 15 Containerbrücken vier Schiffe gleichzeitig abgefertigt werden, die Umschlagskapazität beträgt damit rund 100 Container pro Stunde und Schiff. 2008 machten 445 Containerschiffe in Altenwerder fest, davon 89 mit einer Länge von über 335 Metern und 8.500 TEU (Zwanzig-Fuß-Container, Seite 68).

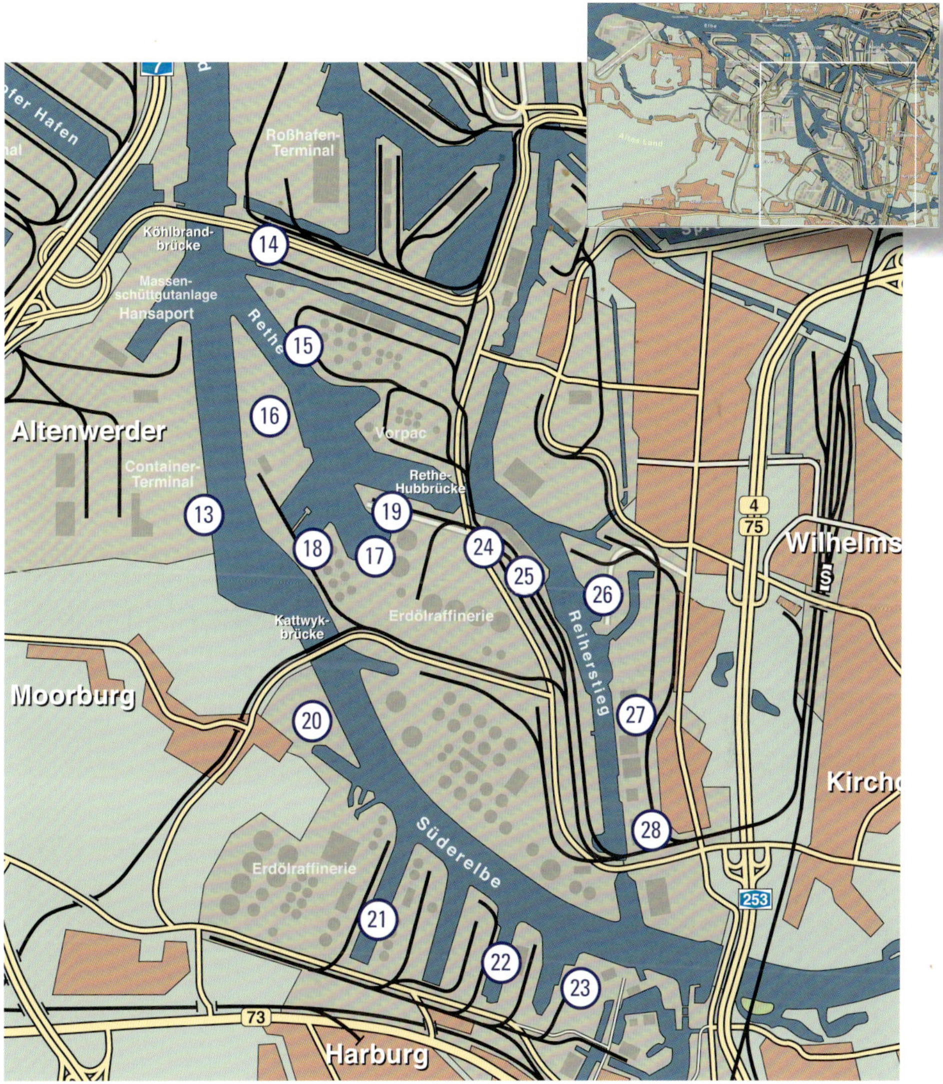

Neuhöfer Kanal/Ölmühle 14

Unterhalb der Köhlbrandbrücke im Neuhöfer Kanal (2,80–11,80 Meter) befindet sich die Hamburger Ölmühle, die Ölsaaten zu Pflanzenöl weiterverarbeitet. Der intensive Geruch verbreitet sich häufig über das gesamte Gebiet. Die ADM Hamburg AG ist Europas größte Ölmühle und zudem weltgrößter Erzeuger von Biodiesel. Aus pflanzlichen Rohstoffen (häufig Raps) wird der Ölanteil (circa 45 Prozent) aus den Pflanzen gepresst und zu Biodiesel verestert, das heißt mit Methanol versetzt. Zudem verarbeitet ADM Sojabohnen, Raps- und Leinsamen sowie Sonnenblumenkerne zu Pflanzenöl, Tierfutter und Getreideschrot. Ölsaaten werden zur Zeitersparnis aus den Laderäumen abgesaugt, während beispielsweise Malz zur Bierherstellung mit Greifern entladen wird, um die Körner nicht zu beschädigen.

Der Umschlag liegt bei circa 2,5 Millionen Tonnen pro Jahr. In den Silos können bis zu 180.000 Tonnen Getreide, in Tanks weitere 25.000 Tonnen gepresstes Öl gelagert werden.

Oben Saatgut, das zu Öl weiterverarbeitet wird, wird aus den Schiffen in die Silos gesaugt.

Oiltanking Deutschland, im Hintergrund die Kattwykbrücke und die Baustelle des Kraftwerks Moorburg.

Rethe Ostseite 15

In der Rethe befinden sich Anlegestellen (7,70–12 Meter) für Tanker, die die anliegenden Tanklager des Vopac Terminal Hamburg oder die Ölwerke Schindler beliefern. Es werden Mineralölprodukte, Pflanzenöl oder Chemikalien und Kohlensäure entladen und in den 275 Tanks (715.000 Kubikmeter, Vopac) auf der Insel Neuhof gelagert. Die Umschlagskapazität beträgt circa sechs Millionen Tonnen pro Jahr.

Rethe Westseite 16

Gegenüber dem Tanklager von Vopac wird ein Servicezentrum für Autos betrieben. Auf gut 300.000 Quadratmetern können bis zu 12.000 Autos gelagert und für den Verkauf vorbereitet werden. Zu den Kunden zählen die VW-Gruppe, Opel, BMW und Ford. Das Terminal ist entweder Bindeglied zwischen den Autoterminals oder den Herstellern sowie den Händlern. Es verfügt über zwei recht flache Liegeplätze (maximal 10 Meter Tiefe) sowie einen Gleisanschluss. Autotransporter legen an dem Servicecenter nicht an.

Blumensandhafen 17

Hier betreibt die Oiltanking Deutschland eines ihrer über den ganzen Globus verteilten 68 Tanklager (mit 17 Millionen Kubikmetern zweitgrößter Anbieter für Tank-

raum weltweit). Das Terminal in Hamburg dient verschiedenen Mineralölgesellschaften als Distributionszentrum für Deutschland. Tanklastwagen liefern von hier Kraftstoffe und Heizöl in das Gebiet nördlich von Hamburg bis zur dänischen Grenze, im Süden bis nach Hannover, Hildesheim und Kassel. Außerdem wird in Kesselwagen der Bahn und Binnenschiffe verladen. An den beiden Anlegebrücken (bis 12,80 Meter Wassertiefe) wurden 2009 138 Seeschiffe abgefertigt, auf Gleisen noch einmal 21.000 Kesselwagen.

Kattwykhafen/Shell ⑱

Der Kattwykhafen gehört zu Shell Deutschland, an zwei Anlegern (12,50 Meter Wassertiefe) des einzigen deutschen Shell-Standortes mit Anlegern für Seeschiffe wird unter anderem Rohöl aus der Nordsee entladen und über Rohre auf das Betriebsgelände geleitet. Auf 210 Hektar verarbeitet

der Mineralölriese in der Shell Raffinerie Harburg sowohl Rohöl aus den eigenen Tanklagern als auch aus den Tanks von Vopac und Oiltanking Deutschland (Blumensandhafen). Die Raffinerie hat eine Kapazität von bis zu 5,5 Millionen Tonnen Rohöl jährlich. Unter anderem wird hier von Flüssiggas (Propan, Butan), Benzin, Petroleum bis zu Dieselkraftstoff, Heizöl und Bitumen die gesamte Bandbreite hergestellt und per LKW, Kesselwagen und Binnenschiff weiter vertrieben. Während Tamoil (Seehafen 4) auf den Standort Hamburg schwört, versucht Shell seine Raffinerie seit 2009 zu verkaufen, um sich auf den größten deutschen Standort in Köln zu konzentrieren. Dort wird das Öl aus Rotterdam via Binnenschiff und Pipeline angeliefert.

Rethehafen/Kalikai ⑲

Am Kalikai (10,80–12 Meter Wassertiefe) können zwei bis zu 275 Meter lange Massengutfrachter (Bulkcarrier)

Oben Tanker im Kattwykhafen werden an Entladebrücken gelöscht, Kaimauern gibt es nicht.

Die Tankhäfen dürfen aus Brandschutzgründen nur von Fahrzeugen mit besonderer Genehmigung befahren werden.

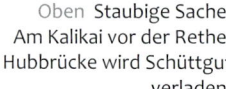

Oben Staubige Sache: Am Kalikai vor der Rethe-Hubbrücke wird Schüttgut verladen.

Blick auf Rethe und Süderelbe, dazwischen werden Autos für den Im- und Export verkaufs- oder reisefertig gemacht.

gleichzeitig ent- oder beladen werden. Die Kali-Transport Gesellschaft hat sich auf den Umschlag und Export von trockenen Schüttgütern spezialisiert (bis zu 4,5 Millionen Tonnen jährlich). Aufgrund der gestiegenen Frachtraten für Großschiffe werden viele der in Fernost benötigten Kunststoffgranulate, die hier auf der Schiene ankommen, häufig nicht mehr auf Massengutschiffe verladen, sondern auch in Container verpackt und per LKW auf die anliegenden Containerterminals verteilt.

Süderelbe

Direkt vor Hamburgs Perlenkette, der Reihe neuer, zum Hafen ausgerichteter Bürohäuser an der Elbe, liegt das Schlepperterminal, wo die Hafenschlepper auf ihre Einsätze warten (Seite 78). Gegenüber zweigt der Köhlbrand (Wassertiefe 14,70 Meter) in das neue Bett der Süderelbe ab (die alte Süderelbe begann ehemals im Mühlenberger Loch neben dem heutigen Airbus-Gelände, wurde jedoch nach der großen Flut 1962 als toter Arm stillgelegt). Der Köhlbrand ist einer der Haupteingänge in den Hafen. Die

hier einlaufenden Schiffe fahren unter der 53 Meter hohen Köhlbrandbrücke hindurch (Seite 24), die eigens gebaut wurde, um das gewaltige Hafengebiet an die Autobahn A7 anzubinden, bis in die Rethe und die Süderelbe, Sitz vieler Firmen und Verladeterminals.

Kraftwerk Moorburg ⑳

Einen Teil der Grundversorgung der Hamburger Haushalte mit Elektrizität wird in Zukunft das Kohlekraftwerk Moorburg übernehmen, das sich derzeit im Bau befindet. Im Jahr 2012 soll es ans Netz gehen, dann werden pro Monat circa fünf Panmax-Schiffe (siehe Panamakanal, Seite 69) direkt an der Pier des Kraftwerkes hinter der Kattwyk-Hubbrücke festmachen. Die 255 Meter langen und 40 Meter breiten Bulker werden mit jeweils 60.000 Tonnen Braunkohle beladen sein, die in zwei so genannten Kohlekreislagern aufgeschichtet werden. Beide Lager fassen zusammen 320.000 Tonnen Kohle unter anderem aus Indonesien, Australien oder Südafrika und werden gewaltige 62 Meter hoch sein.

Umweltpolitisch ist der Neubau umstritten, da sowohl der CO_2-Ausstoß sehr hoch sein wird und das Kraftwerk zudem mit dem Wasser der Süderelbe gekühlt werden soll. Um die Umweltbeeinflussung so gering wie möglich zu halten, wurde die für die Kühlung nötige Wasserentnahme und Rückleitung vom täglich wechselnden Wasserstand des Flusses abhängig gemacht.

Seehafen 4 ㉑

Die Seehäfen 1 bis 4 erreicht man erst durch das Passieren der Kattwyk-Hubbrücke. Seehafen 4 liegt zwischen den Firmengeländen von Tamoil und Shell. Im ersten der vier Hafenbecken (bis 10 Meter), die Schiffe von See kommend erreichen können, werden vor allem Mineralölprodukte von der am Hafen liegenden Holborn Europe Raffinerie (Tamoil) verladen, der zweiten großen Raffinerie neben der Shell Raffinerie Harburg (Seite 43) auf der

Baustelle Moorburg mit eigener Pier: Links eins von zwei Kohlekreislagern, rechts entsteht das neue Kraftwerk.

Unten Dieses Öllager ist zu verkaufen, Shell möchte sich gern vom Standort Hamburg verabschieden.

gegenüberliegenden Seite der Süderelbe. Wie wichtig der Standort Hamburg für die Distribution ist, verdeutlicht der Transportweg des hauptsächlich aus Libyen stammenden Rohöls: Es fließt durch eine 144 Kilometer lange Pipeline vom North-West Oil-Terminal in Wilhelmshaven direkt auf das Firmengelände von Holborn. Die Pipeline hat einen Durchmesser von 55 Zentimetern und ist für eine Jahreskapazität von bis zu 11,5 Millionen Tonnen Rohöl ausgelegt. Dafür müsste man fast 400.000 Tanklaster beladen, dieser Stau wäre knapp 7.000 Kilometer lang. Eigentümer der Holborn Europe Raffinerie ist übrigens der Staat Libyen selbst.

Seehafen 2 ㉒

An den tiefsten Liegeplätzen der vier Seehäfen (8,80–10 Meter Wassertiefe) befindet sich ein so genanntes Multi-Purpose-(Mehrzweck-)Terminal. Hier können neben Massengut auch Schwergut oder Container umgeschlagen und in Hallen oder auf Freiflächen gelagert werden.

In den südlichsten Hamburger Hafenbecken, den Seehäfen 1 und 2, werden Waren an Mehrzweckterminals umgeschlagen.

Seehafen 1 ㉓

Im Seehafen 1 werden mit traditionellen Schienenkränen neben Schrott auch für die Bauwirtschaft benötigte Güter wie Sand, Kies, Basalt und Lava sowie Steine und Pflastersteine umgeschlagen. Das Hafenbecken hat eine Tiefe von 5,20 bis 7,80 Meter.

Reiherstieg

Den Reiherstieg erreichen die großen Schiffe ausschließlich, wenn sie die Rethe-Hubbrücke passiert haben, die Wassertiefe beträgt hier maximal 10 Meter. Trotzdem können Schiffe von fast 300 Metern Länge abgefertigt werden, nachdem sie mit Schlepperhilfe in diese entlegene Ecke des Hafens gelangt sind. Im südlichen Reiherstieg sind einige Betriebe ansässig, die auf Im- und Export oder Umschlag spezialisiert sind.

Getreideterminal ㉔

Gleich hinter der Rethe-Hubbrücke können am Getreideterminal Hamburg bis zu 270 Meter lange und bis zu 42 Meter breite Schiffe anlegen, der Liegeplatz ist fast 12 Meter tief. Mit speziellen Ladeanlagen werden bis zu 22.000 Tonnen täglich für den Export be- oder 12.000 Tonnen entladen; vor allem Getreide, Ölsaaten und Kaffee werden hier umgeschlagen.

Mit 220.000 Tonnen Silokapazität ist es das größte Lager für Agrarprodukte in Hamburg. Das Getreideterminal übernimmt auch die Schädlingsbekämpfung und Trocknung des Getreides.

Louis Hagel 25

Wer sich an den Winter 2009/10 noch erinnert, weiß auch um das knapp gewordene Streusalz; der Nachschub wurde über den Hamburger Hafen abgewickelt. 2.550 Tonnen Salz aus Chile wurden in Hamburgs ältestem Hafenbetrieb (131 Jahre) gelöscht, nachdem sie zuvor in Rotterdam zerkleinert worden waren. Am Kranliegeplatz (10,50 Meter Wassertiefe) des Familienbetriebs Louis Hagel GmbH können Schiffe bis 110 Meter Länge anlegen und werden mit einem Greifer entladen. In den beweglichen grünen Rohren läuft ein überdachtes Förderband, mit dem Schüttgut entweder in die Lagerhallen zum Zwischenlagern gebracht oder auf LKWs oder Bahnwaggons geladen werden kann.

Der Reiherstieg gegenüber den Landungsbrücken zieht sich durch den gesamten Hafen bis in die Süderelbe.
Foto: B. Bühler

Unten links
Alter Speicher trifft neuen Speicher: Zusammen ergibt es am Getreideterminal das größte Lager für Agrarprodukte.

Unten rechts
Neben dem überdachten Förderband von Louis Hagel liegen die Schiffe an einem Ponton.

Rein mit der Kiste. Am Wallmann-Terminal ist man auf Schwergut spezialisiert.

Unten Um die Reste in den Laderäumen zusammen zu schieben, werden kleine Radlader in die Schiffe gebracht.

Aurora Mühle 26

Auf der gegenüberliegenden Seite des Reiherstiegs betreibt die Aurora Mühle (Diamant-Mehl) ihren eigenen Anleger mit einer Saugvorrichtung für die Entladung von rund 70 Tonnen Getreide pro Stunde zur eigenen Verarbeitung. Für die Verarbeitung zu Backmehl wird von Aurora zumeist Getreide aus südlicheren Gefilden importiert. Das fertige Mehl wird in einem Silo gelagert und per LKW abtransportiert.

Wallmann Terminal 27

Ein klassisches Mehrzweckterminal für den Umschlag von Schwergut, Fahrzeugen, Tabak, Stahl, Kautschuk, Eisen- und Stahlerzeugnissen sowie Containern. Die Liegeplätze sind bis zu 11 Meter tief, die Schiffe können mit zwei Kränen be- und entladen werden. Am Wallmann Terminal ist die Rickmers Reederei beteiligt, die hier ihre traditionell grün gestrichenen Schiffe (Seite 74) abfertigt. Auch das Museumsschiff RICKMER RICKMERS trägt schon dieselbe Farbe.

Futtermittel Habema 28

An dem 330 Meter langen Kai in direkter Verlängerung zum Wallmann Terminal entlädt Habema die Grundstoffe für das hier speziell gemischte Nutztierfutter aus aller Welt, dazu gehören Sojaschrot aus Südamerika, Getreidegluten aus Nordamerika und Palmexpeller (Rückstand aus der Palmölgewinnung) aus Südostasien. Pro Jahr werden davon hier 350.000 Tonnen hergestellt und weiter vertrieben. Außerdem exportiert Habema Getreide aus den großen Anbauflächen Schleswig-Holsteins, Mecklenburg-Vorpommerns und Niedersachsens.

Container Terminal Tollerort 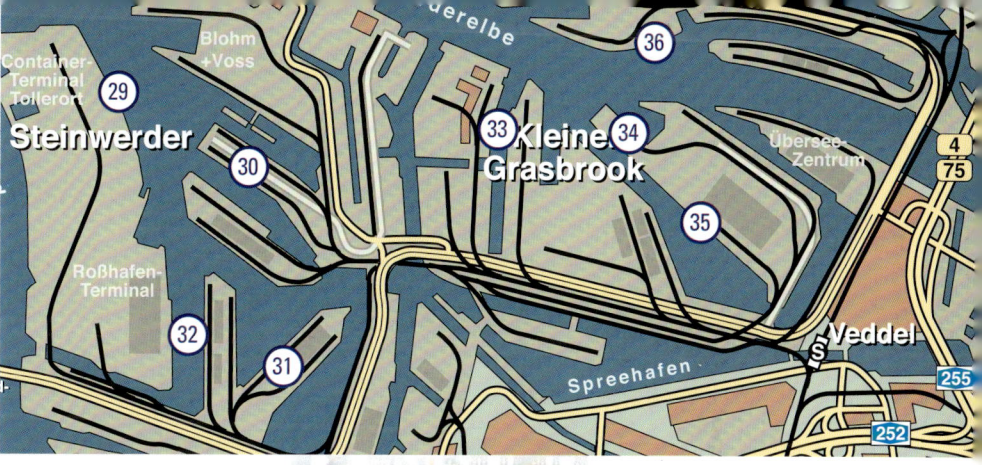 29

Das Container Terminal Tollerort im Vorhafen gegenüber des Fischereihafens ist das kleinste der drei Containerterminals der Hamburger Hafen Logistik AG (HHLA). Es hat eine jährliche Umschlagskapazität von rund einer Million Containern, wird aber durch das Verfüllen nicht benötigter Hafenbecken weiter ausgebaut. Der Europakai bietet bis zu vier Schiffen Platz (bis 14,50 Meter Wassertiefe), die mit acht Containerbrücken gleichzeitig abgefertigt werden können. Aufgrund der Wirtschaftskrise soll das

Tollerort ist das kleinste Container Terminal Hamburgs und soll während der Krise vorübergehend ruhen.
Foto: B. Bühler

49

Im Rosshafen lagert typisches deutsches Exportgut: Maschinen, aber auch Schrott.

Terminal bis zu einem Wiederansteigen der Frachtraten in der Zukunft vorübergehend stillgelegt werden. Der Containerumschlag soll über die anderen HHLA-Containerterminals abgewickelt werden.

Kaiser-Wilhelm-Hafen/Kuhwerder Hafen ㉚

Der Auguste-Victoria-Kai (8,90 Meter) und der Grevenhofkai (9 Meter) sind die Anlegestellen von Unikai, es werden Container, aber auch andere Frachten umgeschlagen. Auf der gegenüberliegenden Seite des Kaiser-Wilhelm-Hafens lagert und repariert Unikai Leercontainer. Die Liegeplätze haben dort eine Tiefe von bis zu 13 Meter.

Oderhafen ㉛

Im Oderhafen liegt ein so genanntes Multi-Purpose-(Mehrzweck-)Terminal. Hier werden am Stahmerkai (10 Meter) sowohl Containerschiffe als auch Stückgutschiffe, kleine Massengutfrachter, RoRo-Schiffe und Fahrzeugtransporter (Seite 71) abgefertigt.

Rosshafen ㉜

Der daneben liegende Rosshafen bietet Liegeplätze (maximal 9,50 Meter) für Stückgutschiffe. Hier wird ein typisches Exportgut verladen: Schrott. Auf bis zu 9,50 Meter tiefen Liegeplätzen nehmen Bulker den Rohstoff zum Beispiel für Fernost an Bord, aus dem sie vorher mit Grundstoffen für die Hamburger Ölmühle im Köhlbrand gekommen waren. Am Rosskai werden größtenteils so genannte Entsorgungsgüter (Schrott, Abfall, Bodenaushub) be- und entladen und gelagert. Diese Recycling-Güter machen einen nicht unerheblichen Teil des deutschen Exportvolumens aus.

Das gegenüberliegende Agrarterminal am Hachmannkai (5,80–8,50 Meter Wassertiefe) entlädt und bearbeitet vor allem Kaffee und Kakao, Tee, Backsaaten sowie Tabak und Baumwolle, Wolle oder Garne. Am Hachmannkai ist man neben dem Transport auch auf das Wiegen, Mischen und Veredeln der verschiedenen Güter spezialisiert, die sowohl als Massengut als auch per Container entladen werden. Neben Lagerhallen gibt es ein Rohkaffeesilo mit einer Kapazität von 8.000 Tonnen. Das Terminal wird auch vom Maschinenhersteller MAN genutzt.

Steinwerder Hafen ③③

Der Steinwerder Hafen gegenüber dem Sandtorhöft ist bestimmt der einzige Ort der Hansestadt, in der sich teuerste Wohnlagen und ein reinrassiges Industriegebiet in nur wenigen dutzend Meter Abstand gegenüberliegen. Auf der einen Seite der Norderelbe die neu entstehende Hafencity, in der die Eigentumswohnungen teilweise im siebenstelligen Bereich gehandelt werden, auf der anderen Elbseite die Chemiefabrik Sasol, die nach einigen Übernahmen aus dem Traditionsunternehmen Vaseline-Raffinerie Hans-Otto Schümann hervorgegangen ist. Der zwischenzeitliche Marktführer bei Paraffin und Wachsprodukten firmiert mittlerweile als Sasol Wax. Auf bis zu sechs Meter tiefen Liegeplätzen werden kleine Schiffe mit Grundstoffen für deren Fertigung entladen.

Auf der gegenüberliegenden Seite des Steinwerder Hafens befindet sich das Steinweg Südwest-Terminal mit Liegeplätzen bis zu acht Metern Tiefe sowie einer Rampe für RoRo-Schiffe.

Hansahafen/RoRo-Terminal ③④

Der Umschlagplatz für RoRo- und Mehrzweckschiffe (11 Meter) liegt genau gegenüber der neuen Hamburger Hafencity. Vor allem die gelb-weißen Schiffe der italienischen Grimaldi Lines (Seite 73) laufen den O'swaldkai (nach dem ehemaligen 2. Bürgermeister Henry Wilhelm O'swald) im Hansahafen regelmäßig im Liniendienst ungefähr alle drei Tage an. Sie sammeln ihre Fracht in England, Holland oder Belgien ein, in Hamburg wird dann ein weiterer Teil zugeladen. Ihre Destinationen sind vor allem

Die ehemalige Vaseline-Raffinerie des Hochseeseglers Hans-Otto Schümann, im Hintergrund die Wohnhäuser der Hafencity.

Neuwagenverladung am O'swaldkai, die Fahrzeuge gehen größtenteils in den Nahen Osten.
Foto: HHLA

Westafrika und Südamerika. Die markanten Schiffe sind im Hafenbild sehr präsent, da sie die gesamte Norderelbe an der Innenstadt und der Hafencity vorbei bis zu ihrem Liegeplatz befahren müssen, während die meisten anderen großen Schiffe vorher in andere Hafenteile abbiegen. Über Fahrzeugrampen werden vor allem RoRo-Schiffe (Seite 72) abgefertigt; damit über deren schräge Rampen problemlos entladen werden kann, verfügt der O'swaldkai über ebensolche schrägen Kaieinschnitte. Vom Hansahafen aus läuft ein Teil des Exports von Herstellern wie VW, Audi und Mercedes, außerdem der Export billiger Gebrauchtwagen nach Afrika. LKWs werden von hier nach Nah-

ost exportiert, zudem Baumaschinen, Maschinen, Trailer und schwere Stückgutkisten (bis zu 100 Tonnen), die auf Rollgestellen an Bord gebracht werden. 2009 wurden rund 100.000 PKWs (zumeist hochpreisige nach Nahost) und 30.000 LKWs umgeschlagen; größter Hafen für den Fahrzeugumschlag ist jedoch Bremerhaven.

Hansahafen/Fruchtzentrum

Das Frucht- und Kühlzentrum am O'swaldkai (Liegeplätze bis 9 Meter Tiefe) schlägt jährlich rund eine Million Tonnen Ware um. Davon circa 750.000 Tonnen Bananen (also etwa sechs Milliarden Stück!) und zusätzlich knapp 100.000 Tonnen Äpfel, Ananas, Weintrauben und Zitrusfrüchte. Wichtig ist bei Früchten die ununterbrochene Kühlkette, Bananen aus Südamerika zum Beispiel werden grün geerntet und reifen bei 13,5 Grad während des Transports nicht weiter. Am recht kurzen Kai des Kühlzentrums (500 Meter) werden die rund eine Tonne schweren Paletten mit dem Kran aus dem Kühlschiff entladen und mit Gabelstaplern sofort wieder in die gekühlte Lagerhalle (Klimahalle) auf der Pier gebracht. Dabei darf es zwar nach Karton, nicht aber nach Banane riechen: Ist das der Fall, muss die reife Frucht umgehend gefunden werden, ehe sie die anderen ansteckt. Denn reifen sollen die Früchte für die optimale Planung im Vertrieb alle gleichzeitig und auf Knopfdruck just in time in so genannten Reifehallen. Eine Reiferei von Deutschlands größtem Lebensmitteleinzelhändler, der Edeka-Gruppe, steht in Sichtweite des Hansakais, die Transportwege sind also sehr kurz. Edeka versorgt von hier aus ganz Ost- und Norddeutschland (süddeutsche Früchte kommen dagegen aus Antwerpen in

Belgien, dem größten Fruchtzentrum Europas vor Hamburg). Seit der Osterweiterung Anfang der 1990er Jahre hat sich die Umschlagsmenge im Hamburger Fruchtzentrum nahezu verdoppelt. Vom O'swaldkai werden neben Teilen Skandinaviens auch das Baltikum und die Ukraine mit Früchten versorgt.

Hamburg Cruise Center ㊱

In der neu entstehenden Hafencity, die außer der Speicherstadt die gesamten ehemaligen stadtseitigen Hafengelände einnimmt, hat das Kreuzfahrtterminal (Hamburg Cruise Center) seinen Sitz. Mit jährlich über 100 Besuchen von Kreuzfahrtschiffen entwickelt sich dieser Hafenzweig zu einem ernst zu nehmenden Wirtschaftsfaktor – von der Werbung für die Stadt einmal ganz abgesehen. Die deutsche Aida-Reederei lässt mittlerweile alle neuen Schiffe in Hamburg taufen, regelmäßige Besucher sind daher alle Aida-Schiffe, aber auch die QUEEN MARY II, die EUROPA, die DEUTSCHLAND oder ASTOR, SEA CLOUD II oder MEIN SCHIFF

von TUI-Cruises. Um das weit im hinteren Hafenteil liegende Hamburg Cruise Center zu erreichen, müssen die Kreuzfahrtschiffe gut sichtbar einmal an der Hamburger Hafenfront und den St.-Pauli-Landungsbrücken entlangfahren.

Ein Vorteil für Zuschauer, den das neue Terminal nicht bieten wird: Da die zur Verfügung stehenden zwei Liegeplätze (11,50 Meter Wassertiefe) für die Zukunft nicht ausreichen werden, ist ein weiteres spektakuläres Kreuzfahrtterminal am Fischereihafen geplant. Die Schiffe haben von See kommend also einen kürzeren Weg bis zu ihrem Liegeplatz, dafür liegen die Schiffe hier jedoch direkt am Fischmarkt und an der Reeperbahn. Für 2010 rechnet Hamburg mit 200.000 Passagieren, für die vor allem die so genannte Revierfahrt die Elbe hinauf interessant ist.

Links Roll on, roll off – die Fracht wird am O'swaldkai durch riesige Luken auf die Schiffe gerollt.
Foto: HHLA

Hamburg ist das zweitgrößte Fruchtzentrum Europas, rund sechs Milliarden Bananen machen jährlich Station in der Stadt.

Unten Kreuzfahrten sind ein recht junger Geschäftszweig. Für viele bekannte Schiffe gehört Hamburg zu den beliebten Anlauforten.

Hafenerweiterung

Eurogate Container Terminal ⑪

Die Zeiten, in denen im Petroleumhafen Rohöltanker anlegten, sind seit einigen Jahren Geschichte. BP betrieb am Westende des Hafens eine eigene Raffinerie, im Köhlfleethafen steht immer noch die ungenutzte Anlegebrücke für zwei Tanker. Zu ihm gehört das Tanklager Bubendeyufer. Auch der Petroleumhafen gegenüber dem bei Feierlustigen und Sonnenhungrigen viel besuchten Elbstrand im Hamburger Stadtteil Övelgönne bediente dieses Tanklager. Der Petroleumhafen soll bis 2016 zusammen mit dem Gelände des Tanklagers Bubendeyufer die Erweiterung des Eurogate Container Terminals bilden. Dafür wird dieser Hafen zugeschüttet und die Uferlinie zur Elbseite begradigt.

Insgesamt soll diese Erweiterung eine neue, einen Kilometer lange Kaimauer schaffen, die mögliche Umschlagskapazität soll von 2,7 Millionen auf sechs Millionen TEU anwachsen. Durch ein Verlegen der Kaimauer entsteht zudem ein größerer Wendekreis zum Drehen der Schiffe.

HHLA-Container Terminal Burchardkai ⑩

Der Nachbar von Eurogate ist von der effektiv umgeschlagenen Menge schon jetzt die Nummer eins in Deutschland (über zwei Millionen TEU). Mit einer automatisierten Stapel-, Transport- und Lagertechnik soll 2015 auf diesem Gelände ein jährlicher Umschlag von fünf Millionen 20-Fuß-Containern möglich sein.

HHLA-Container Terminal Tollerort ㉙

Hier soll bis 2012 ein weiterer Liegeplatz entstehen, dann wird am Tollerort ein Jahresumschlag von zwei Millionen TEU erhofft.

Weitere Planungen

Mögliche Hafenerweiterungsflächen sind in Moorburg und Steinwerder ausgewiesen. Die Planungen sehen das CTS-Container Terminal Steinwerder mit zusätzlichen 3,5 Millionen TEU sowie das CTM-Container Terminal Moorburg mit sechs Millionen TEU vor.

Stillgelegte Hafenteile

Wo sich der Hafen zurückzieht oder ändert, übernimmt die Natur das Ruder oder es entstehen Idylle wie die Speicherstadt. Auf die sich ändernden Warenströme muss der Hamburger Hafen reagieren. Waren vor wenigen Jahrzehnten noch möglichst viele kleine Häfen und Kanäle für den Stückgutumschlag gefragt, verlangt gerade der Massengüterumschlag per Container nach wenigen, aber größeren Liegeplätzen und riesigen Lagerflächen. Viele kleine Häfen haben ausgedient, wie der Segelschiffhafen, der Steendiekkanal, in dem sich ein Yachthändler niedergelassen hatte, der Spreehafen oder der Travehafen und der Rugenberger Hafen. In manchen Fällen, wie dem des Petroleumhafens, wird das nicht mehr gebrauchte Becken zugeschüttet, wo man vor 100 Jahren noch ein neues gegraben hat. Der Hafen bleibt in Bewegung – sollte das aufhören, stirbt er.

Für Vögel, Fische und Lebenskünstler werden die brachliegenden Becken für begrenzte Zeit zu wahren Paradiesen mitten im brodelnden Leben der umliegenden Industrie, wie zum Beispiel im Spreehafen im Stadtteil Wilhelmsburg. Da er nur noch einige kleine Firmen beheimatet, verschlickt das Gewässer hinter dem riesigen Rangierbahnhof Hamburg Süd langsam, sporadisch wird lediglich eine Fahrrinne von Zeit zu Zeit ausgebaggert. Da er sowohl zur Hafen- als auch zur Freihafenfläche gehört, wäre eine Nutzung für den Hafenbetrieb sinnvoll. Sogar über eine Autobahn (die so genannte Hafenquerspange), die die A1 im Osten mit der A 7 im Westen verbinden soll, wurde nachgedacht. Sie sollte als riesige Brücke über das Gewässer führen.

Dagegen machen die Anwohner des Stadtteils Wilhelmsburg, der sich schon immer in der Nachbarschaft zum Hafen befindet, Stimmung. Sie möchten die Öffnung der lediglich 2,20 Meter tiefen Brache als Erholungsgebiet. Sogar von einer zweiten Alster wird dabei gesprochen. Das dürfte zumindest noch bis 2013 dauern, denn dann soll der Freihafen (Seite 89), zu der der Spreehafen gehört, in seiner bisherigen Größe inklusive seiner Sicherungszäune verschwinden.

Sperrschleusen

Um den Wasserstand in den Hafenbecken so weit wie möglich frei von den Einflüssen der regelmäßig auf- und ablaufenden Tiden zu halten, sind im Hafengebiet vier Sperrschleusen installiert. Sie halten das Wasser vom Durchfließen der Hafenteile ab und müssen also keinen großen Niveauunterschied ausgleichen. Die Sperrschleusen sind nur für kleine und Binnenschiffe befahrbar und befinden sich am Ausgang des Reiherstiegs zur Süderelbe (Reiherstiegschleuse, alle Schleusen siehe Karte Seite 20), zwischen der Süderelbe und dem Rugenberger Hafen (Rugenberger Schleuse) sowie zwischen Reiherstieg und Kuhwerder Hafen (Grevenhofschleuse) und dem Reiherstieg und dem Oderhafen (Ellerholzschleusen). Die Schleusen sind kameraüberwacht und fernbedient, zur Nutzung muss sich der Schiffsführer per Telefon oder Funk anmelden.

Blick in den Reiherstieg; fünf Sperrschleusen verhindern zu große Auswirkungen der Tide auf den Hafen.

EIN SCHIFF WIRD KOMMEN

Für die Hafenwirtschaft und die Touristen sind die einlaufenden Schiffe das Salz in der Suppe. Alle buhlen um sie, versorgen und be- und entladen sie. Aber wie denken deren Crews über den Hafen? Eine Fahrt mit dem Feeder SPICA von Bremerhaven die Elbe hinauf bis nach Hamburg.

Die Abfahrtszeit hat sich geändert, statt morgens halb drei ruft der Offizier schon eine Stunde eher an, um zu wecken. Elf Uhr vormittags war die SPICA eigentlich an ihrem ersten Terminal im Hamburger Hafen avisiert, jetzt soll sie schon eine Stunde eher da sein, der Platz an der Kaimauer ist offensichtlich früher frei als erwartet. Kurz vor zwei wird die Maschine gestartet, der Lotse für die Weser ist an Bord, der Hafenlotse für das Ablegemanöver in Bremerhaven ebenfalls. Null Grad sind es draußen, als die SPICA im Hafenbecken dreht und langsam Fahrt aufnimmt, fünf Minuten später geht ein Schlepper längsseits, wie es heißt, wenn ein Schiff sich neben ein anderes legt, und der Hafenlotse geht von Bord. Kapitän Grimmert justiert die beweglichen Flügel des Propellers auf Volllast, die kurze Reise nach Hamburg beginnt.

Die SPICA ist ein typischer Feeder (Seite 69) für den Hamburger Hafen, gut 150 Meter lang, knapp 20 Meter breit und er hat Eisklasse, wie es in der Seefahrt heißt; er braucht nicht sofort einen Eisbrecher, wenn die Gewässer wie im Winter 2009/10 zentimeterdick zugefroren sind; bis zu knapp einen Meter Dicke meistert er allein. Dafür hat er einen verstärkten Bug und eine extrastarke Maschine. Der Achtzylinder-MAK-Diesel, hoch wie zwei Stockwerke, leistet reichlich 12.500 PS. Damit gehört die SPICA zu den schnellen Schiffen unter den Feedern und schnell fahren hebt auch bei der Crew die Laune, denn je schneller man vor Ort ist, desto wahrscheinlicher werden auch Ruhezeiten, in denen man einmal zum Schlafen kommt.

Außer in Hamburg wahrscheinlich, denn Hamburg laufen Mannschaften wie die der SPICA mit einem lachenden und einem weinenden Auge an. »Aus Hamburg«, sagt Kapitän Grimmert, der jeweils drei Monate an Bord und dann zwei zu Hause ist, »sind wir froh, wenn wir wieder raus sind.« Die Container, die innerhalb der nächsten Stunden für die Reise nach Polen an Bord genommen werden sollen, stehen auf vier verschiedenen Terminals bereit, die miteinander konkurrieren und die weit auseinander liegen. Das heißt viermal Maschine an, viermal an- und ablegen, viermal einen neuen Lotsen an Bord und viermal be- und entladen. Das ist Routine für Feeder wie diesen, der maximal 749 20-Fuß-Container (Container, Seite 67) auf seinem Rundlauf, wie es hier heißt, zwischen Bremerhaven, Hamburg und Russland im Wochenrythmus verteilt. Immer dieselbe Strecke, nur diese Woche nicht, da fährt SPICA nach Polen, wahrscheinlich liegen zu viele andere Feeder im Eis fest. In Hamburg werden zudem Gäste für die kleinen Appartements auf Deck B erwartet, die eine

Woche als Urlaub mitfahren. Außerdem kommt Proviant an Bord, Diesel wird getankt und zumeist lassen sich auch noch die Behörden und der Schiffseigner sehen. Hamburg ist der zentrale Umschlagplatz für die Schifffahrt und alles, was an einem Schiff zu tun ist, konzentriert sich daher auf die Hansestadt.

Morgengrauen auf der Elbe: Schon in der Deutschen Bucht werden alle einlaufenden Schiffe erfasst. Nur wer einen Liegeplatz nachweisen kann, darf weiterfahren.

Verkehrssicherungssystem Elbe

Die Deutsche Bucht und die Elbmündung sind eines der am besten überwachten Seegebiete weltweit. Schon 24 Stunden vor der Ankunft hat jedes ankommende Schiff, das wie die SPICA mehr als 50 Meter misst, mit dem Agenten und dem Kaibetreiber den Liegeplatz geklärt. Der voraussichtliche Ankunftstermin und der Liegeplatz werden der Nautischen Zentrale in Hamburg mitgeteilt, die überprüft, ob die Wassertiefe im Hafen zu diesem Zeitpunkt mit dem gemeldeten Tiefgang des Schiffes ein Einlaufen möglich macht (Ebbe, Flut und Tiefgang, Seite 31). Sie erteilt die Liegeplatzgenehmigung und informiert die Verkehrszentralen in Wilhelmshaven (German Bight Traffic), Cuxhaven (Cuxhaven Elbe Traffic) und Brunsbüttel (Brunsbüttel Elbe Traffic). Ab diesem Moment ist das Schiff schon vor dem Einlaufen in die Elbmündung unter Beobachtung und muss sich bei jeder Verkehrszentrale ab- und bei der nächsten wieder anmelden. Jedem Schiff wird ein so genanntes Mitlaufzeichen erteilt, mit dem es auf den Raderschirmen der Revierzentralen identifiziert und verfolgt werden kann. Kann das Schiff keinen Liegeplatz nachweisen, muss es in der Elbmündung auf Reede vor Anker gehen.

4.10 Uhr morgens, der Weserlotse ist seit einer Stunde von Bord. Per Funk meldet sich die SPICA bei German Bight Traffic, der Verkehrszentrale, die für die Deutsche Bucht zuständig ist, ab und gleich bei Cuxhaven Elbe Traffic wieder an, Tiefgang, Zielhafen und Personenzahl an Bord werden abgefragt. Die Schifffahrt wird lückenlos überwacht,

sonst könnte der starke Verkehr in der Elbmündung nicht reibungslos ablaufen.

Der Erste Offizier meldet das Schiff bei den Elblotsen an, die die Spica auf ihrem Weg beraten. 19,5 Knoten (ca. 36 km/h) zeigt der Geschwindigkeitsmesser, der Aufbau schwingt spürbar vor und zurück; beladen wird es später

ruhiger. »Das Schlimmste ist«, sagt Kapitän Christian Grimmert aus Itzehoe gleich in der Nähe unserer jetzigen Position mit seinem norddeutschen Akzent, »wenn wir mit unserem schnellen Schiff auf der Elbe bummeln müssen, wenn im Hafen noch kein Platz ist. Dann zieht sich die Elbe wie Kaugummi.« Aus der Dunkelheit erscheint der rote Katamaran (ein SWATH, ein halbtauchendes Schiff mit Auftriebskörpern wie Torpedos unterhalb der Wasserlinie) der Seelotsen und geht längsseits, in der Entfernung kann man die Lichter des Lotsenmutterschiffs sehen, wo die Lotsen auf den nächsten Einsatz warten. Wenige Minuten später ist der Lotse auf der Brücke, kurzes Händeschütteln und wieder Volllast in die Elbmündung. Der Ton ist herzlich, Geschichten werden erzählt. Der Kapitän nennt den Lotsen »Lotse«, der Lotse den Kapitän »Kapitän«, der Erste Offizier ist »1. Offizier« oder »Chiefmate«. Die Namen, die ab jetzt bei jeder Vorstellung genannt werden, kann sich keiner merken.

Auf der Brücke brennt rotes Licht, so verengen sich die Pupillen nicht, auch die Deckslichter sind gelöscht, das kleine blaue Steuerlicht zeigt, wo das Schiff in über 100 Meter Entfernung zu Ende ist. In der Nacht funkeln an Backbord (links in Fahrtrichtung) die Bojen vor dem Lüchtenburger Sand, an Steuerbord die grünen Fahrwasserbojen. Vor Cuxhaven überholt die Spica einen kleineren Feeder, mehrere andere kommen entgegen, es ist immer noch stockdunkle Nacht, als der Lotse die Fahrt drosselt, um die in Cuxhaven liegenden Frachter und einen Bagger auf der rechten Fahrwasserseite nicht zu gefährden. Um sechs ist Wachwechsel, der Zweite Offizier verlässt die Brücke, der Erste übernimmt, während der Revierfahrt gönnt sich der Kapitän dagegen keine Pause.

Als echtes Hamburger Schiff wurde die Spica an der Elbe gebaut.

Mit einem Schiff wird der Lotse an Bord gebracht. Unten die Station der Hafenlotsen in Hamburg.

Lotsen

Die Lotsen sind die Berater der Kapitäne auf ihrem Weg durch das enge Revier der Elbe, sie sind selbst als Kapitäne zur See gefahren und haben dann eine Zusatzausbildung zum Lotsen absolviert. Von See kommend, wird der Seelotse per Schiff beim Einlaufen in das Fahrwasser Elbe bei der Tonne »Elbe 1« an Bord gebracht und bleibt bis zur Einfahrt zum Nord-Ostsee-Kanal vor Brunsbüttel. Hier wird er vom Elbelotsen abgelöst, der bis zur Hafengrenze in Höhe Blankenese berät. Dort tauscht er seinen Platz schließlich mit dem Hafenlotsen, der das Schiff bis an seinen Liegeplatz begleitet. Jedes Schiff, das länger als 90 Meter ist, breiter als 13 Meter oder einen Tiefgang von mehr als 6,50 Meter aufweist, ist zur Annahme der Lotsen verpflichtet; außerdem alle Massengutschiffe sowie Öl-, Gas- und Chemikalientanker. Eine Ausnahme bilden Schiffe unter 100 Meter Länge, wenn sie die Elbe regelmäßig befahren (mehr als sechs Mal jährlich) und der Kapitän eine Zusatzausbildung absolviert hat.

Viertel vor sieben, wieder ein Lotsenwechsel, diesmal in der Dämmerung vor dem Nord-Ostsee-Kanal; der Seelotse wird durch den Elblotsen abgelöst. Mit stoischer Ruhe verstaut der philippinische Matrose die hölzerne Lotsenleiter. Das Mobiltelefon auf der Brücke klingelt, der Agent von Teamlines (der Firma, die sich während des Aufenthalts des Schiffes um alles Organisatorische kümmert, siehe auch: Weitere Kosten, Seite 64) ruft aus Hamburg an: Der Platz an der Pier ist noch nicht frei. Die SPICA nimmt Geschwindigkeit raus, jetzt kommt das berüchtigte Bummeln – mit

zehn Knoten geht es langsam Richtung Hamburg, um Zeit zu schinden. Es ist ruhig auf der Brücke, die Müdigkeit ist spürbar, halb acht gibt es Frühstück in der Messe, der Schiffskantine. Fünf Stockwerke sind es zu Fuß nach unten durch das schmale Treppenhaus.

Im Maschinenraum herrscht trotz reduzierter Geschwindigkeit währenddessen ein Lärm, als hätte sich die Hölle aufgetan. Die Drehzahl des mächtigen Diesels bleibt immer konstant bei gut 400 Umdrehungen, lediglich der Winkel der Propellerflügel ändert sich. Zu zweit kümmern sich der Chefingenieur und der Maschinist um die riesige Anlage; mit Lärmschützern – den Mickeymäusen – über den Ohren ist die Verständigung nur schreiend möglich. Es gibt ein kleines Problem beim Anwerfen des Motors, das der Ingenieur bei nächster Gelegenheit gern lösen würde.

Seit einer viertel Stunde ist der Hafenlotse an Bord, als die SPICA Punkt zehn vor dem Athabaskakai gegen die einlaufende Flut dreht. Anlegen ist unmöglich, der Liegeplatz ist immer noch besetzt. Der Lotse erzählt Geschichten, an Deck löst die Mannschaft die zu entladenden Container. Um elf, mit einer Stunde Verspätung, legt die SPICA an, auf dem Terminal herrscht Totenstille. Heute ist Betriebsversammlung am Burchardkai. Das Be- und Entladen verzögert sich. Die Maschine ist gerade ruhig, als die Polizei erscheint und die Visa der ausländischen Matrosen kontrolliert. Der Kapitän ist trotz seiner langen Schicht freundlich wie zur ersten Stunde der Fahrt. Wenige Minuten später legt außen das Bunkerschiff an und möchte 84 Tonnen Diesel für die Hilfsdiesel abliefern. Schweröl für die Hauptmaschine ist noch genug an Bord, dafür ist das Bunkern in Polen später billiger. Knapp 40 Tonnen verbraucht die SPICA davon am Tag.

Bunkern

Beim Betrieb eines Schiffes steht Wirtschaftlichkeit an erster Stelle und bei dem für Autofahrer unglaublichen Tagesbedarf von 40.000 bis 300.000 Liter Treibstoff pro Tag (der Bedarf eines Autos in 100 Jahren) für ein Containerschiff lohnt es sich zu sparen. Die häufig als Zweitakter konzipierten Schiffsdiesel verfeuern in ihren Brennräumen Schweröl, eigentlich ein Abfallprodukt aus den Raffinerien, das sonst für Bitumen und Teer verwendet wird. Um es beim Tanken fließ- und pumpfähig zu halten, wird es auf 55–60 Grad temperiert mit Bunkerschiffen direkt an die Liegeplätze geliefert. Für die Verbrennung an Bord wird es mit Dampf, der in riesigen Boilern erzeugt wird, auf rund 150 Grad weiter erhitzt. Zum Beseitigen der vielfältigen Verunreinigungen muss es zudem mit Zentrifugen gereinigt werden.

Der Preis für die populärste Schwerölsorte RMG380 betrug Anfang 2010 etwa 450 Dollar/Tonne, je zähflüssiger das Öl ist, desto billiger wird es; die günstigste Qualität RMK 700 ist schon für 440 Dollar/Tonne zu haben. Neben verschiedenen Metallen enthalten die Schweröle vor allem Schwefel, die Standardprodukte normalerweise rund 4,5 Prozent. Im Zuge der strengeren Umweltschutzauflagen dürfen jedoch in den so genannten SECA (Sulfer Emission Control Areas, also Regionen, in denen der Schwefelausstoß kontrolliert wird) zum Beispiel in der Ostsee, Teilen der Nordsee, auf der Elbe und im Hamburger Hafen nur niedrigschweflige Öle verfeuert werden, die maximal ein Prozent Schwefel enthalten. So wird von vielen Schiffen niedrigschwefliges Schweröl für die Küstenregionen, hochschwefliges für die offene See und zudem Diesel für die empfindlicheren Generatoren gebunkert. Ein Bulker wie die SAAR N (Seite 70) nimmt in Hamburg zum Beispiel 2.000 Tonnen hochschwefliges und 300 Tonnen niedrigschwefliges RMG380 an Bord. In Öltagebüchern muss die vorgeschriebene Nutzung dokumentiert werden.

Ein großes Bunkerschiff, wie die OXANA der Wrist Bunker GmbH, hat in beheizten und isolierten Tanks eine Kapazität von fast 3.000 Tonnen und kann bis zu 1.000 Tonnen pro Stunde in die Frachtschiffe pumpen. Wrist Bunker unterhält wie eine Handvoll anderer Bunkerunternehmen im Hafengebiet eigene gemietete Tanklager und bezieht seine Treibstoffe von verschiedenen Raffinerien auch im baltischen Raum. Die Bunkerschiffe dienen zusätzlich als schwimmende Lager, um die häufig kurzfristig angefragten großen Mengen liefern zu können. In den seltensten Fällen gibt es mit den Reedereien feste Verträge – gekauft wird dort, wo es am günstigsten ist.

Bei der Tankrechnung wird jeder Autofahrer blass; rund 40 Tonnen Schweröl verbraucht ein Feeder am Tag.

Die OXANA ist eines der größten und leistungsfähigsten Bunkerschiffe in Hamburg.

Tankschiff OXANA	
Länge:	110 m
Breite:	11,40 m
Tiefgang:	3,50 m
Kapazität:	2.900 t
Maschine:	1.800 PS
Pumpleistung:	
max. 1.000 t/Stunde	

Hafengebühren

Die Unterhaltung des Hafens kostet Hamburg als dessen Eigentümer immense Summen. Deshalb muss jedes Schiff, das den Hafen anläuft, Fracht oder Passagiere transportiert und die Seegrenze in der Elbmündung passiert hat, für die Nutzung ein Hafengeld an die HPA zahlen. Das Entgelt richtet sich nach der Fracht des Schiffes und dessen Größe. Dabei werden jedoch nicht Länge und Breite, sondern die Bruttoraumzahl BRZ zugrunde gelegt, die den umschlossenen Raum im Schiffskörper bezeichnet. Die geringsten Gebühren werden mit 3,30–6,50 Euro pro 100 BRZ für Linienschiffe und Feeder im Verkehr in die Nord- und Ostsee verlangt. Dafür darf das Schiff fünf Tage im Hafen bleiben. Weltweit fahrende Massengutschiffe mit einer Größe von über 4.000 BRZ zahlen 41,20 Euro pro 100 BRZ und Öltanker im Überseeverkehr 54,90 Euro. Dem Reeder des Erzfrachters SAAR N (Seite 70) kostet sein Liegen in Hamburg demnach gut 26.000 Euro, ein wöchentlich einlaufender Feeder wie die SPICA mit 7.550 BRZ wird mit knapp 500 Euro berechnet. Dazu kommen noch erhebliche weitere Gebühren für Lotsen, Schlepper oder das Be- und Entladen (Seite 64).

Die Liegegebühren bezahlt der Reeder an die Stadt, das Be- und Entladen ist der wirklich teure Faktor.

EIN SCHIFF WIRD KOMMEN

Gerade kehrt Ruhe ein und die Crew liebäugelt mit einer Pause, als die ersten Container an Deck donnern. Mit einem Seitenblick sieht der Erste Offizier Michael Schmidt auf die Kaufmannshäuser der gegenüberliegenden Elbseite: »Eigentlich müsste man da viel häufiger mal rübersehen, aber dazu kommt man ja nicht!« Der Elbstrand vor Övelgönne, nur gut 100 Meter entfernt auf der Nordseite der Elbe, scheint so weit weg wie ein Urlaubsort im Fernsehen.

Die letzten Container sind gelascht, da wird um 14.38 Uhr schon wieder die Maschine gestartet. »Moin Lotse!«; »Moin Kapitän!«, die SPICA legt um an den Predöhlkai ans Terminal von Eurogate zum Löschen und

Bei Verstauen der Container ist gute Organisation gefragt. Damit man die Lukendeckel öffnen kann, muss das Deck leer sein. Die Kisten werden mit Laschstangen zusätzlich gesichert.

Viermal An- und Ablegen in 24 Stunden bedeutet für die Seeleute Schwerstarbeit.

Laden weiterer Container. Vier Stunden später wird die Mannschaft die SPICA an den Liegeplatz des Container Terminals Tollerort umlegen, kurz vor 23 Uhr heißt es noch einmal Maschine starten und Leinen los, um den Feeder ans Container Terminal Altenwerder zu verholen, wie die Seeleute sagen. Dann kehrt endlich eine kurze Nachtruhe ein, ehe der Hafenlotse halb sechs am nächsten Morgen zum Auslaufen Richtung Nord-Ostsee-Kanal an Bord kommt.

Die SPICA wird ablegen für eine kurze Reise nach Polen, eine knappe Woche später ist sie schon wieder in Hamburg. Der Rostocker Schmidt lächelt müde: »Das Schönste für mich war, als wir in Hamburg mal zwei Wochen in der Werft gelegen haben. Da bin ich immer mal zu den Landungsbrücken gefahren!« Schiffe, die längere Liegezeiten haben, sind selten geworden in Hamburg.

Weitere Kosten

Der Hafen Hamburg ist im Vergleich zu seinen Konkurrenten wie zum Beispiel Rotterdam ein teurer Standort. Für jedes einlaufende Schiff verlangen die Lotsen für ihre Dienste ein Entgelt, das von der Elbmündung bis in den Hafen somit dreimal anfällt, sechsmal beim Ein- und Auslaufen und nach Schiffsgröße gestaffelt. Die SPICA zahlt reichlich 3.500 Euro, ein Containerriese hat schnell das Vierfache auf der Uhr. Trotzdem gilt Hamburg aufgrund des guten Preis-Leistungs-Verhältnisses als günstiger Hafen.

Zudem müssen die Schlepper und die Festmacher bezahlt werden. Und natürlich berechnen die Terminals im Hafen einem Schiff jede Frachtbewegung. An einem Containerterminal kostet eine Containerbewegung beispielsweise rund 150 Euro für das Umsetzen einer Box, also entladen und auf einen LKW zum Weitertransport verladen. Wird ein 8.000-TEU-Schiff komplett entladen, stehen für die Reederei schnell über eine Millionen Euro auf der Rechnung. Dazu kommen das Bunkern und die Verpflegung des Schiffes.

Für die Abwicklung all dieser Leistungen setzt der Reeder im Hafen einen Agenten ein, der sich um alle Rechnungen und die Organisation und Bezahlung von Lotsen, Schleppern und den Liegeplatz sowie die Papiere kümmert. Häufig geht der Agent mit den Kosten in Vorleistung und schreibt für seinen Dienst am Ende eine Gesamtrechnung. Das ist weltweit ein Riesengeschäft, in dem große Konkurrenz herrscht.

Im Hamburger Hafen verkehren zum großen Teil zwei Arten von Schiffen. Zum einen die für den Hafenverkehr verantwortlichen kleinen Tankschiffe, Festmacherboote, Fähren oder Schlepper, zum anderen jedoch die für das unverwechselbare Flair verantwortlichen Seeschiffe. Sie verbinden den Hafen mit der ganzen Welt, ihre regelmäßigen Destinationen liegen in Fernost, Südamerika oder den baltischen Staaten und Skandinavien. Welche Schiffe typischerweise in Hamburg anzutreffen sind und welche Frachten sie fahren, zeigt diese Übersicht. Als Beispiel wird jeweils ein Schiff mit seinen Maßen hervorgehoben.

SEESCHIFFE

Containerschiffe

Die westliche Seite des Hafens ist mittlerweile fast ausschließlich dem Containerverkehr und -umschlag vorbehalten, die derzeit am schnellsten wachsende Frachtart. Gemessen werden die Frachter an der Menge der Blechcontainer, die sie im und auf dem Schiff stapeln können. Zwei Größen gibt es: den 12,20 Meter langen 40-Fuß-Container und den halb so langen 20-Fuß-Standardcontainer, der in der Schifffahrt TEU genannt wird (Twenty feet Equivalent Unit, also zu Deutsch 20-Fuß-Einheit, Seite 67). In TEU wird die Ladekapazität der Schiffe angegeben, optimiert sind die Schiffe zumeist

jedoch für die größeren Container. Wenn man also nachzählt, wird man auf die Hälfte der tatsächlichen Kapazität kommen.

Eines der größten Containerschiffe, das in Hamburg abgefertigt wird, ist die für die Hamburger Hapag-Lloyd Reederei fahrende COLOMBO EXPRESS mit Heimathafen Hamburg; sie befährt im Rundreisedienst (Liniendienst) die Route Europa—Asien—Europa. Angelaufen werden nach Hamburg die Häfen Rotterdam (Niederlande), Port Klang (Malaysia), Singapur (Singapur), Hongkong (China), Shanghai (China), Xiamen (China), Yantian (China), Hongkong, Singapur, Southampton (Großbritannien) und wieder Hamburg. Diese Strecke bewältigt sie in 56

Tagen, legt also rund sechs Mal im Jahr in Hamburg an. Mit einer Spitzengeschwindigkeit von 25 Knoten sind sie fast doppelt so schnell wie ein Massengutschiff (Bulker).

Über 8.000 Container befinden sich an Bord von Containerschiffen wie der COLOMBO EXPRESS, die neueste Generation trägt fast doppelt so viel und kann Hamburg nicht anlaufen.
Fotos: Hapag Lloyd

Containerschiff COLOMBO EXPRESS

Länge:	335,47 m
Breite:	42,80 m
Tiefgang:	14,61 m
Höhe über Wasser:	45,89 m
Containerkapazität:	8.749 TEU
BRZ* (Bruttoraumzahl):	93.750
Maschine:	MAN Diesel, 93.500 PS
Geschwindigkeit:	25 Knoten (46,3 km/h)

* Hafengebühren. Seite 62

Denn Zeit ist hier Geld – je schneller ein Schiff fährt und je kürzer es im Hafen liegt, desto schneller kann es mit neuer Fracht unterwegs sein.

In jüngster Zeit wird häufig im Zuge hoher Treibstoffkosten und sinkender Frachtraten die Geschwindigkeit zu Lasten der Fahrzeit reduziert; der Germanische Lloyd hat ausgerechnet, dass sich im Vergleich zu einer Geschwindigkeit von 20 Knoten die Treibstoffkosten bei 24 Knoten mehr als verdoppeln.

Ein nicht unerheblicher Faktor, schlagen bei einem 9.000-TEU-Schiff bei Volllast 200 Tonnen Öl pro Tag mit über 40 Millionen Euro jährlich zu Buche. Gerechnet auf die Lebenszeit eines solchen Schiffes müssen in 25 Jahren Tankrechnungen im Gegenwert von einer Milliarde Dollar gezahlt werden (Bunkern, Seite 60).

Container: Ein TEU verändert die Welt

Ohne Container ist der moderne Frachtverkehr unvorstellbar, 70 Prozent des Stückgutes wird mittlerweile mit den Kästen abgewickelt, deren Maße sich nach optimaler Raumausnutzung beim Schienen- und LKW-Transport richten. Rund 500 Millionen Container werden weltweit pro Jahr mit Schiffen hin und her transportiert, 97 Prozent des Stückgutes in Hamburg wird per Container umgeschlagen. Das TEU oder das Twenty feet Equivalent Unit, wie es ausgesprochen heißt, ist zur Maßeinheit des weltweiten Handelsverkehrs geworden.

Wer konnte diese Änderung voraussagen. Als in den 60er Jahren des vorigen Jahrhunderts die ersten Container in den europäischen Häfen auftauchten, wurden sie von den Seeleuten belächelt: Schiffe, so die einhellige Meinung, sind rund und geschwungen. Wie soll denn da eine eckige Kiste wie ein Container transportiert werden? Die Geschichte hat alle Kritiker mittlerweile gelehrt, dass der Container der Überlebende der Evolution ist. Wurden anfangs noch runde Tanker oder Bulker für den Containertransport umgerüstet, sind die Schiffe nun fast eckig wie er selbst.

Das Geheimnis des Containers ist seine Vereinheitlichung. Nicht nur die Maße sind festgelegt, sondern auch sein Bauverfahren mit stabilem Rahmen und Stahlguss-Containerecken. Der Boden ist aus mehreren Lagen Holz, die Wände und das Dach zumeist aus Blech. Beim Laden hat das unschätzbare Vorteile: Weltweit sind dieselben, weit ausladenden Containerbrücken in den Häfen im Einsatz, die die Schiffe in kürzester Zeit entladen. In Hamburg reichen die größten Brücken bis zu 61 Meter

über das Schiff und sind 110 Meter hoch. Der so genannte Spreader greift den Container an seinen vier gelochten Enden und setzt ihn auf dem Schiff auf die anderen; mit Twistlocks genannten Verschlüssen werden alle vier Ecken miteinander verbunden. Ihre Stabilität lässt Stapel von bis zu 13 Boxen übereinander zu. im Schiffsrumpf stehen die Container in Zellgerüsten. Die unteren Lagen an Deck sind noch einmal über Kreuz mit Laschstangen verbunden, um die aufgestapelten Türme zu stabilisieren. Trotzdem sind die Verluste so hoch, dass weder die Reeder noch die Kapitäne darüber sprechen wollen.

Rund 10.000 Stück, so schätzt man, werden von den Schiffen herunter jährlich ins Meer gerissen. Neben dem wirtschaftlichen Schaden ist das auch ein wachsendes Umweltproblem.

Die Container sind Lagerschuppen, Transportverpackung und Schiffsladeraum in einem. Weltweit werden leere Container auf Firmenhöfen bepackt und verschlossen und per LKW oder Schiff zu den großen Terminals geliefert. Beim Inhalt ist der Container eine Allzweckbox; was

Der Container machte billige Transporte erst möglich, geladen wird alles, was hineinpasst.

Die Container werden an ihren Ecken mit so genannten Twistlocks befestigt und mit Laschstangen gesichert.

20-Fuß-Container (TEU)	
Länge:	20 Fuß (6,06 m)
Breite:	8 Fuß (2,44 m)
Höhe:	8 Fuß, 6 Zoll (2,59 m)
Volumen:	33,2 m³
Leergewicht:	2.250 kg
Zuladung:	21.750 kg
Gesamt:	24.000 kg

40-Fuß-Container	
Länge:	40 Fuß (12,19 m)
Breite:	8 Fuß (2,44 m)
Höhe:	8 Fuß, 6 Zoll (2,59 m)
Volumen:	67,7 m³
Leergewicht:	3.780 kg
Zuladung:	26.700 kg
Gesamt:	30.480 kg

20-Fuß-Container (TEU, links), üblicher ist heute der 40-Fuß-Container (rechts)

Containerisierungsgrad im Hafen Hamburg 1966–2009
Hafen Hamburg Marketing

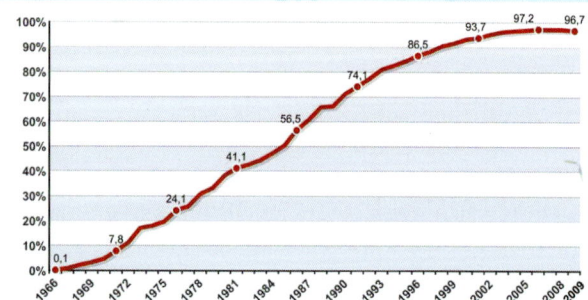

sich in ihm befindet, kann man von außen nicht ahnen, es geht von Autos über Möbel bis hin zu Elektronik, Medikamenten oder Chemikalien. Hauptsache, es übersteigt nicht die Standardmaße, denn dann wird es teuer. Aufgrund des Ungleichgewichtes zwischen Im- und Export sind bis zu 30 Prozent der Container im weltweiten Frachtverkehr leer unterwegs. Jeder Container trägt eine individuelle Nummer aus vier Buchstaben, sieben Zahlen und einer Kontrollziffer und kann so seinem Besitzer zugeordnet werden.

Nadelöhr Panamakanal

Lange war der Panamakanal zwischen Nord- und Südamerika für die Schifffahrt das Maß der Dinge. Dessen Schleusen konnten Schiffe mit maximal 294 Meter Länge und 32,20 Meter Breite passieren, die so genannten Panamax-Schiffe (maximal 3.000 TEU). Sie sparen sich den langen Weg um Südamerika und Kap Hoorn, wenn sie vom Atlantik in den Pazifik oder in die umgekehrte Richtung wollen. Optimierte Panamax-Neubauten bringen es schon auf 5.060 TEU. Schiffe, die breiter als 32,20 Meter sind, können den Panamakanal derzeit nicht mehr passie-ren, sie werden als Post-Panamax bezeichnet. Die COLOMBO EXPRESS gehört zu den Super-Post-Panamax-Schiffen (über 7.000 TEU). Schon sind Riesen mit 14.000 TEU und mehr unterwegs: Die EMMA MAERSK kann bei einer maximalen Kapazität von 14.500 TEU bis zu 22 Container nebeneinander an Deck stellen. Derzeit wird der Panamakanal an die neuen Schiffe angepasst: Für gut fünf Milliarden Dollar wird er erweitert, seine Schleusen sollen ab 2015 die gewaltigen Dimensionen von 427 Meter Länge und 55 Meter Breite haben. Aber selbst das ist schon wieder zu klein für Schiffe wie die EMMA MAERSK: Sie ist zwar »nur« 397 Meter lang, aber 56,5 Meter breit.

Die SPICA ist ein typischer Feeder und dank ihrer großen Maschine außergewöhnlich schnell.
Foto: Reederei Wegener

Feeder

Um Container im Seeverkehr vor allem in die Ostsee-Anrainerstaaten weiterzutransportieren (oder von dort herbeizuschaffen), sind so genannte Feederschiffe (von englisch feed = füttern) im Einsatz, so bezeichnet, weil sie die großen Containerschiffe mit Nachschub versorgen und

Feeder SPICA	
Länge:	151,14 m
Breite:	19,66 m
Tiefgang:	7,58 m
Containerkapazität:	749 TEU
BRZ:	7.550
Maschine:	12.648 PS
Geschwindigkeit:	20 Knoten (37 km/h)

die ankommenden Container aus Übersee an ihre regionalen Bestimmungsorte weitertransportieren. Die Entladung eines großen Containerschiffes versorgt im Schnitt 40–60 Feederschiffe mit Ladung, bis zu 160 solcher Feeder verlassen Hamburg wöchentlich. Sie laden und entladen ihre Fracht an verschiedenen Containerterminals, fahren von hier durch den Nord-Ostsee-Kanal nach Kiel und laufen von dort aus den Ostseeraum bis nach Russland an. 45 Feederdienste sind in Hamburg beheimatet, das damit über das dichteste und leistungsfähigste Feedernetz Nordeuropas verfügt.

2008 wurden auf diesem Weg 2,1 Millionen Container befördert, davon 725.000 TEU nach Russland und über 660.000 TEU nach St. Petersburg. Hamburg ist für Russland ein entscheidender Umschlagplatz für Waren aus Fernost oder Amerika. Es werden Nahrungsmittel, Elektronik und andere Fertigwaren geliefert, auf dem Rückweg bringen die Feeder vor allem Rohstoffe wie Papier, Kunststoffe oder chemische Grundstoffe und Kautschuk wieder mit. Ein typischer Feeder ist die SPICA (Ein Schiff wird kommen,

Seite 56). Der Typ 156 der Hamburger Sietas-Werft hat den charakteristischen schlanken und hohen Aufbau und verfügt über Eisklasse. Sie kann ohne Eisbrecherhilfe in zugefrorenen Gewässern fahren, ist daher hoch motorisiert und recht schmal. Das erlaubt der SPICA hohe Geschwindigkeiten. Die Sietas-Werft wird in Zukunft aufgrund der Wirtschaftskrise keine weiteren Feeder bauen; der Bedarf ist nach Angaben der Werft derzeit gedeckt.

Bulker (Bulkcarrier, Massengutfrachter)

Massengutfrachter transportieren Frachten, die aufgrund ihrer physikalischen Eigenschaften gut für den Massenumschlag geeignet sind. Klassische Bulker, wie sie auch genannt werden, transportieren trockene Schüttladungen wie Kohle, Erz, Getreide oder Ähnliches (im Gegensatz zu Tankern mit flüssigen Ladungen wie Öl, Chemikalien oder Gas). In Hamburg kommen davon Bauxit für die Aluminiumherstellung oder große Mengen Erz und Kohle

Bis zu fünf Schlepper werden benötigt, um einen großen Bulker wie die SAAR N an ihren Liegeplatz zu bekommen.

Bulker SAAR N	
Länge:	266 m
Breite:	40,54 m
Tiefgang:	14 m
Zuladung:	circa 115.000 Tonnen
BRZ:	63.152
Fracht:	Erz oder Kohle
Maschine:	16.194 PS
Geschwindigkeit:	13 Knoten (24 km/h)

für die Stahlherstellung an. Während flüssige Ladungen herein- und herausgepumpt werden können, werden feste Stoffe in die Schiffe hineingeschüttet (Schüttgut). Leichtes Schüttgut wie Getreide kann beim Entladen herausgesaugt werden, schwerere Stoffe wie Erze und Kohle werden mit großen Greifern durch die zu öffnenden Decksluken der Bulker herausgebaggert (Hansaport, Seite 38). Die 266 Meter lange SAAR N verfügt zum Beispiel über neun Luken und wird durch diese innerhalb von zwei Tagen entladen.

Häufig sind Bulker wie die SAAR N als Trampschiffe unterwegs, folgen also keinen festen Fahrplänen und Zielhäfen, da sie die Rohmaterialien nach Angebot und Nachfrage aus verschiedenen Ländern beziehen. Die SAAR N ist mit ihren 266 Metern Länge (50 Meter länger als zwei Fußballfelder) eines der größten Massengutschiffe. Sie fährt nach Saldana Bay in Südafrika (20 Tage) und kehrt mit Kohle oder Erz zurück, weitere Ziele liegen in Südamerika. Ein klassisches Merkmal von Massengutfrachtern ist, dass sie von Hamburg abgehend leer und nur mit Ballastwasser (Seite 100) stabilisiert fahren, da Deutschland über nahezu keine Rohstoffe verfügt und viel importiert werden muss. Deswegen fehlt es für diesen Schiffstyp zumeist an Rückfracht. Im Gegensatz zu anderen Schiffen werden Bulker, wie Tanker und Schüttgutschiffe, in ihrem Bestimmungshafen zumeist komplett entladen. Aufgrund ihrer Ladung sind sie schwerer, breiter und auch erheblich langsamer als beispielsweise Containerschiffe.

Zum Massengut zählen per Definition auch Stückgut, wenn es einen großen Teil der Ladung ausmacht, also Tiertransporte, Autos, Früchte, Kaffeesäcke oder Holz.

Fahrzeugtransporter

Fahrzeugtransporter verfügen über mehrere Decks, die wie in einem Parkhaus über Rampen miteinander verbunden sind. Auffällig sind die außerordentlich hohen und geraden Bordwände sowie die weit vorn liegende Brücke, da keine Decksflächen für die Fracht gebraucht werden. Wie bei Autofähren, die zudem über Passagierdecks verfügen, werden Fahrzeugtransporter über gewaltige Rampen bedient, die vom Heck des Schiffes auf eine spezielle, angewinkelte Pier geklappt werden (in Hamburg Buss Hansa Terminal im Rosshafen oder Unikai auf dem kleinen Grasbrook).

Einzelne Autos oder LKWs werden mit eigener Kraft gefahren, wofür eine große Zahl Fahrer nötig ist, die mit Kleinbussen wieder an ihren Ausgangsort zurückgebracht werden. An Bord wird jedes Fahrzeug mit mehreren Gurten am Boden befestigt, damit es im Seegang nicht verrutschen kann. Schiffe wie die SANDERLING ACE bieten über 6.000 PKWs Platz. Sie transportiert vor allem PKWs aus Fernost nach Deutschland und auf dem Rückweg LKWs im Export ins Rote Meer. Andere Schiffe transportieren

Viele Exportfahrzeuge sind Gebrauchtwagen für Afrika.

Die SANDERLING ACE hat Stellplätze für 6.300 Standard-PKWs. Berechnungsgrundlage ist ein Toyota aus den 80er Jahren mit 4,12 Meter Länge, entsprechend weniger moderne Fahrzeuge passen tatsächlich an Bord.
Foto: Buss Group

Fahrzeugtransporter SANDERLING ACE	
Länge:	199,81 m
Breite:	32,28 m
Tiefgang:	9,82 m
Zuladung:	6.300 PKW
Maschine:	20.979 PS
Geschwindigkeit: 20,1 Knoten (37,3 km/h)	

günstige Gebrauchtwagen vor allem für afrikanische Staaten, die in Hamburg vorher auf großen Stellflächen gesammelt werden. Schiffe der Mitsui O.S.K. Lines, die auch die SANDERLING ACE betreiben, laufen Hamburg einmal pro Monat an. Aufgrund ihres Tiefgangs von unter zehn Metern können sie auch die Norderelbe oberhalb des Alten Elbtunnels problemlos befahren. Von ihrer Frachtart zählen Fahrzeugtransporter zu den RoRo-Schiffen.

RoRo-Schiffe

Alles was gerollt werden kann, wird mit so genannten RoRo-Schiffen transportiert, wobei RoRo für Roll-on/Roll-off (also an Bord und wieder zurück) steht. Ein typisches großes RoRo-Schiff ist die GRANDE AMBURGO, die mit ihren Schwesterschiffen zwischen Europa und Südamerika und Afrika pendelt und dabei regelmäßig in Hamburg Station macht. Sie verfügt über eine große Heckrampe, um die rollenden Güter an oder wieder von Bord zu fahren. Zudem hat sie eigenes Ladegeschirr und einige Containerstellplätze an Deck, ist aber vor allem in ihrem Innenraum sehr flexibel.

Die Zwischendecks der Schiffe sind beweglich und können der jeweiligen Ladung angepasst werden, so können in eine Fahrtrichtung Fahrzeuge und Maschinen (so genannte High-and-Heavy-Fracht) neben Containern geladen werden, während sich auf der Rückroute zum Beispiel Massengüter im Laderaum befinden.

Die Grande-Klasse von Grimaldi Lines ist regelmäßig zu Gast im Hamburger Hafen. Die Schiffe der Reederei legen am kleinen Grasbrook bis zu zehn Mal pro Monat an. Dabei kommen sie nicht voll beladen in Hamburg an, werden komplett gelöscht und wieder neu mit Ladung versorgt, sondern fahren mehrere Häfen an, bis alle Ladung aufgenommen ist (damit unterscheiden sie sich nicht von Container- oder Mehrzweckschiffen, bei denen das ebenfalls der Fall ist).

RoRo-Schiff GRANDE AMBURGO	
Länge:	214 m
Breite:	32,25 m
Tiefgang:	9,70 m
Zuladung:	4.650 PKWs;
	3.300 LKW-Trailer;
	700 TEU
Maschine:	21.141 PS
Geschwindigkeit:	21 Knoten (38,9 km/h)

Mehrzweckschiffe

Gerade das Krisenjahr 2009 bescherte den Mehrzweckschiffen (Multi Purpose Ships) einen kleinen Boom gegenüber den hoch spezialisierten Bulkern oder Containerschiffen; kleine Einheiten und flexible Frachten sind derzeit wieder »in«.

Ein klassisches Mehrzweckschiff hat eigenes Ladegeschirr (Kräne und auch Schwergutgeschirr), um in Häfen ohne große eigene Infrastruktur die Waren anlanden oder an Bord nehmen zu können; zudem hat es die Möglichkeit, auch Container zu transportieren. Mit kleineren Multi Purpose Ships werden viele Frachten innerhalb des europäischen Raums übernommen. Es können dann Holz, Schüttgut oder schwere und sperrige Lasten für kleinere Häfen mit weniger Wassertiefe und kürzeren Piers geladen werden.

Die RICKMERS HAMBURG ist so ein Mehrzweckschiff. Sie und ihre neun baugleichen Schwesterschiffe absolvieren ostgehend in rund 130 Tagen jeweils eine komplette Weltreise. Daraus ergibt sich eine Abfahrtfrequenz von 14 Tagen, das heißt, etwa alle vierzehn Tage legt ein Schiff in Hamburg an und wieder ab.

In der Regel werden folgende Häfen angelaufen: Hamburg, Antwerpen, Genua, Dubai, Chennai, Singapur, Jakarta, Bangkok, Ho Chi Minh City oder Haiphong, Hongkong, Kaohsiung, Shanghai, Dalian, Qingdao, Xingang, Masan, Kobe, Yokohama, New Orleans, Houston, Philadelphia und über den Atlantik wieder nach Hamburg. In Hamburg entlädt die RICKMERS HAMBURG am Wallmann-Terminal (Seite 48), an dem die Rickmers Reederei beteiligt ist.

Da sie auch Container an Deck trägt, wird ein Schiff wie die GRANDE AMBURGO auch als ConRo-Schiff bezeichnet.
Foto: Grimaldi

Die Zwischendecks des Schiffes können in verschiedenen Höhen eingehängt und somit die Höhe der Laderäume an die Ladung angepasst werden. Typischerweise werden Stahl (Rollen, Platten, Rohre) und Maschinen sowie Anlagenteile (zum Beispiel für Brauereien, Chemieanlagen, Zementwerke, Kraftwerke) und Baumaschinen, Kräne oder auch Segel- und Motoryachten geladen.

Die unterschiedlichen Güter machen teilweise längere Liegezeiten notwendig – gut für die Passagiere, denn die RICKMERS HAMBURG nimmt auf ihren Reisen zahlende Gäste an Bord.

Mehrzweckschiff RICKMERS HAMBURG	
Länge:	192,90 m
Breite:	27,80 m
Tiefgang:	11,20 m
Zuladung:	29.980 Tonnen
Kräne:	4 (2 x 320 t / 1 x 45 t / 1 x 100 t Tragfähigkeit)
Maschine:	21.468 PS
Geschwindigkeit:	19,5 Knoten (36,1 km/h)

Kühlschiffe

Kühlschiffe verfügen über präzise kühlbare Laderäume und werden zum Fruchttransport eingesetzt. Ziel ist nicht nur, die importierten Früchte (zum Beispiel Äpfel aus Neuseeland oder Bananen aus Mittelamerika) frisch zu halten, sondern sie über die Zeit ihrer Reise auch vom Reifen abzuhalten. Der Reifeprozess wird zielgenau im Bestimmungshafen Hamburg oder vor Ort in weiter entfernt liegenden Regionen eingeleitet (Hansahafen, Seite 51), um die Früchte auf den Tag genau in die Supermärkte liefern zu können.

Kühlschiffe werden mittlerweile zum Teil von Kühlcontainerschiffen abgelöst, auf denen entweder mit Kühlaggregaten versehene Container vom Bordstrom betrieben werden oder die Container miteinander verbunden und gemeinsam gekühlt werden. Der Vorteil ist das schnellere Be- und Entladen und damit letztlich die garantiert ununterbrochene Kühlkette bis in die Kühlhäuser im Hafen, Nachteil ist die notwendige Temperaturkontrolle für jeden einzelnen Container. Zu den größten Reedereien für Kühlcontainertransport gehört Hamburg-Süd.

Kühlschiff DOLE EUROPA	
Länge:	150 m
Breite:	22,60 m
Tiefgang:	9 m
Zuladung:	2.860 Tonnen
	(22 Millionen Stück) Bananen
Maschine:	15.500 PS
Geschwindigkeit:	21,8 Knoten (40,37 km/h)

Der amerikanische Dole-Konzern betreibt für seine Früchte hingegen eine Flotte mit 16 eigenen und 17 weiteren gecharterten Kühlschiffen mit einer zusätzlichen Staumöglichkeit für Kühlcontainer an Deck. Vier von ihnen liefern vor allem Bananen nach Hamburg, die Temperatur in den Kühlräumen beträgt permanent 13,5 Grad, so kommen die Bananen auch nach ihrer 14-tägigen Fahrt grün im Hamburger Kühlzentrum an. Die DOLE EUROPA und ihre drei Schwesterschiffe transportieren jeweils rund 22 Millionen Bananen, verpackt in rund 200.000 Kartons auf über 4.000 Paletten unter Deck und noch einmal bis zu 90.000 Kartons in bis zu 90 Containern an Deck. Die vier Dole-Schiffe befinden sich im permanenten Umlauf von Kolumbien und Costa Rica nach Hamburg, jede Woche legt eines im Hansahafen vor dem Kühlzentrum an. Sie verfügen über eigenes Ladegeschirr, um ihre Fracht auch in kleinen Häfen an Bord nehmen zu können.

Tanker

Hamburg ist kein spezialisierter Tankschiffhafen, die Hansestadt lebt vor allem von der gesunden Mischung der angelandeten Waren und der Verarbeitung. Tanker (vor allem mit Rohöl) laufen die Shell-Raffinerie Harburg und die in der unmittelbaren Umgebung liegenden Tanklager (Kattwyk- und Blumensandhafen, Seiten 42/43) an. Die Ladung wird in den Ölverladehäfen am Persischen Golf oder in Libyen an Bord gepumpt, eigene Pumpen an Bord der Schiffe saugen das Öl wieder aus den Stauräumen und drücken es direkt über mächtige Rohrleitungen in die an Land befindlichen Tanklager. Dafür sind keine Kaianlagen notwendig, Tanker liegen wie im Kattwykhafen an Entladebrücken.

Während der Suezkanal-Krise wurden mächtige Tanker von 400 Meter Länge und mehr gebaut, da das gesamte Öl aus Nahost um den afrikanischen Kontinent herum geschafft werden musste; das größte brachte es auf 458 Meter Länge und fast 69 Meter Breite. Solche Schiffe können den Hamburger Hafen natürlich nicht anlaufen, 300 Meter sind für den Hafen schon eine gewaltige Größe.

Rohöl ist besonders bei Unfällen eine extrem umweltschädliche Flüssigkeit. Daher müssen seit 1996 neue Tanker mit doppelten Außenwänden (Doppelhüllentanker) gebaut werden, ab 2015 darf weltweit kein Einhüllentanker mehr fahren, um Ölkatastrophen wie die der Exxon Valdez (Kanada 1989) oder Erika (Frankreich 1999) in Zukunft zu vermeiden. Gastanker werden in Hamburg nicht abgefertigt, neben Rohöl werden zum Beispiel Chemikalien, Ölprodukte oder Speiseöl entladen. Wie Bulker auch, gehen Tanker sehr tief und sind aufgrund ihrer Ladung schwer und langsam. Die regelmäßig im Kattwykhafen anlegende Betty Knutsen ist bereits ein Doppelhüllentanker und transportiert gut 35.000 Tonnen Rohöl zum Raffinieren nach Hamburg. Sie ist mit einem speziellen Beschlag am Bug ausgerüstet, der es ihr ermöglicht, Öl auf der Nordsee direkt von den Förderplattformen zu pumpen. Wie andere Tanker und Massengutschiffe kommt sie wegen ihrer schweren Ladung tief eingetaucht an, bei Verlassen des Hafens ist sie dagegen leer.

Tanker wie die Betty Knutsen gehören zur neuen Generation und verfügen aus Umweltschutzgründen über eine doppelte Außenwand.

Tanker BETTY KNUTSEN	
Länge:	187 m
Breite:	27 m
Tiefgang:	11,50 m
Zuladung:	35.807 t
Maschine:	12.892 PS
Geschwindigkeit:	9,8 Knoten (18,2 km/h)

Kreuzfahrtschiffe

Mit dem eigentlichen Hafenbetrieb haben Kreuzfahrtschiffe nichts zu tun. Sie bringen keine Waren, haben keine Laderäume und beschäftigen keine Firmen mit ihren Produkten. Kreuzfahrtschiffe sind eine Erfindung der Neuzeit, die Nachfolger der Linienschiffe, als es noch üblich war, den Atlantik mit dem Schiff zu überqueren und Flugzeuge als Teufelszeug abgetan wurden. Zu der Zeit gehörte Hamburg zu den großen Auswandererzentren, hunderttausende suchten von hier aus ihr Glück vor allem in Nordamerika oder Australien und Neuseeland. Andere nutzten die Passagierschifffahrt wie wir heute das Flugzeug.

Mit dem Flugzeug ist dem Hafen seine Stellung als Reisezentrum verloren gegangen und damit die große Zahl reisender Menschen, die sich heute auf den Flughäfen der Welt versammeln. Ein wenig tragen Kreuzfahrtschiffe dieses Flair zurück in die Häfen, die sie anlaufen, und fast genauso euphorisch ist die Begrüßung, wenn zum Beispiel die EUROPA die Hansestadt anläuft. Sie startet von hier ihre Rundreisen in die nördlichen Regionen, während zum Beispiel die QUEEN MARY II von hier auf der legendären Transatlantikroute fährt. Mit rund 400 Passagieren ist die zur Hamburger Hapag-Lloyd Reederei gehörende, mittlerweile sechste EUROPA ein kleines Schiff, andere haben über 2.000 (AIDA BLU) oder 2.500 (QUEEN MARY II) Passagiere an Bord.

Die EUROPA verfügt über so genannte Azipod-Antriebe; zwei Elektromotoren nebst Propellern, die sich unabhängig voneinander frei unter dem Schiff drehen lassen, statt der üblichen starren Antriebswellen. Ein Vorteil in kleinen Häfen, in denen sie sich nahezu autark und ohne Schlepperhilfe bewegen kann. Die Maschinen liefern über Generatoren den nötigen Strom für den dieselelektrischen Antrieb. Damit der Seegang die Passagiere nicht stört, wirken hydraulische Stabilisatoren (riesige bewegliche Flossen unter dem Schiff) diesen Bewegungen entgegen. Die EUROPA ist ein echter High-End-Kreuzfahrer: Sie wurde als einziges Schiff weltweit zehn Jahre in Folge mit der Kategorie »5 Sterne plus« ausgezeichnet.

Kreuzfahrtschiff EUROPA	
Länge:	198 m
Breite:	24 m
Tiefgang:	6,10 m
Passagiere:	408
Besatzung:	275
Maschine:	29.376 PS
Geschwindigkeit:	21 Knoten (38,9 km/h)

Die EUROPA auf Revierfahrt. Dank ihres geringen Tiefgangs und des modernen Antriebs kann sie auch sehr kleine Häfen anlaufen.
Foto: Bühler/Reissig

zum Einparken wird daher verzichtet. Große Frachtschiffe verfügen nicht einmal über einen Rückwärtsgang, der sich schnell einlegen lässt. Getriebe, die die immensen Drehmomente der Antriebssysteme großer Schiffe bewältigen könnten, wären unbezahlbar.

Bei diesen Schiffen wird die Maschine (häufig ein Zweitakt-Dieselmotor) gestoppt und rückwärts wieder angelassen. Ein Vorgang, der einige Zeit (15 Sekunden) in Anspruch nehmen kann, ebenso wie das Umsteuern des Ruders. Ein Hydrauliksystem ist für das Lenken zuständig, von hart Steuerbord (in Schiffsrichtung rechts) auf hart Backbord (in Schiffsrichtung links) können schon einmal 20 Sekunden – bei großen Schiffen bis zu 40 Sekunden – vergehen. Das sind ungünstige Voraussetzungen, um in einem engen Hafen zu manövrieren.

Deswegen benötigen große Seeschiffe in der Regel Schlepperunterstützung. Zuerst einer am Heck (achtern, also hinten), der das manövrierende Schiff hinten stabilisiert, wenn es mit der Hauptmaschine bremst. Bei rückwärts laufender Maschine wird das vom Schraubenstrom

Ohne Schlepper kommt kaum ein Schiff aus, wenn es in den engen Fahrwassern des Hafens manövriert.

Rechts Die BUGSIER 2 ist ein Kraftpaket im Hafen: Mit über 6.500 PS wird sie nur noch von der BUGSIER 5 übertroffen.

Die Helfer der Großen

Hafenschlepper

Die großen Frachter können zwar Unmengen an Material transportieren, aber eins können sie nicht wirklich: auf engem Raum manövrieren. Die Schiffe sind für lange Strecken über die offene See konzipiert, dazu gilt es, mit einem möglichst geringen Kosteneinsatz beim Bau so viel wie möglich mit der Fracht zu verdienen. Das heißt, Schiffe müssen erst einmal preiswert sein, auf aufwändige Systeme

Schlepper BUGSIER 2	
Länge:	32,80 m
Breite:	11,70 m
Tiefgang:	6,70 m
Maschinen (2):	zusammen 5.576 PS
Antrieb:	Frei drehende Propeller in Kortrohren, die den Antrieb effektiver machen
Zugkraft:	63 t
Geschwindigkeit:	12 Knoten (22,2 km/h)

nicht mehr angeströmte Ruder des Frachters wirkungslos, das Heck würde ohne den Schlepper unkontrolliert in eine Richtung ausscheren. Am Bug (vorn) verfügen viele Frachter (insbesondere Containerschiffe) über so genannte Querstrahlruder, also Antriebspropeller, mit denen sich der Bug in eine bestimmte Richtung drücken lässt. Das funktioniert jedoch nur bei wenig Wind: Ein großes Containerschiff wie die COLOMBO EXPRESS ist so hoch wie ein Hochhaus und so lang wie drei Fußballfelder, da braucht es Kraft, um gegen den Winddruck anzukämpfen. Dabei gilt: Je mehr Tiefgang ein Schiff hat, desto anfälliger ist es bei starker Strömung, je höher es ist, desto anfälliger bei Wind.

Hier kommen die 20 Hamburger Seeschiff-Assistenzschlepper zum Einsatz, bärenstarke Spezialschiffe mit im Vergleich zu ihrer Größe überdimensionierten Maschinen, die aufgrund ihrer speziellen Antriebe in alle Richtungen gleichermaßen manövrieren können. Dafür verfügen sie nicht wie üblich über starre Antriebswellen mit einem Propeller und einem Ruder am Heck, sondern nahezu in der Mitte des Schiffs über frei bewegliche Antriebe. Das können zwei unabhängig voneinander drehbare Propeller sein, die in Röhren – so genannten Kort-Nozzles – arbeiten, oder Voith-Schneider-Antriebe. Hier arbeiten je vier lange Messer, die auf von den Maschinen angetriebenen Scheiben montiert sind und senkrecht ins Wasser ragen. Die Messer sind einzeln ansteuerbar, können ohne Widerstand im Kreis rotieren oder – bei einer Richtungsänderung – gleich einer Schaufel einzeln in beliebige Richtungen arbeiten. Gleich welcher Antrieb, Schlepper sind dadurch extrem beweglich und können quer, vorwärts oder rückwärts gleichermaßen fahren und Zug auf

Anhaltestrecke

Im Gegensatz zu einem Auto haben Schiffe fast unbegreiflich lange Bremswege. Um zu stoppen, kann keine Bremse getreten werden, sondern die Hauptmaschine muss rückwärts laufend mit dem Propeller versuchen die mehreren zehntausend Tonnen zum Stehen zu bekommen. Vorgeschrieben ist für die Seesicherheit, dass bei sofortiger Schubumkehr das Schiff aus voller Fahrt zwischen 15 und in Ausnahmefällen 20 Schiffslängen angehalten werden kann. Bei den 266 Meter Schiffslänge eines für Hamburg üblichen Massengutschiffs (SAAR N, Seite 70) mit seinem reichlich acht Meter großen Propeller und gut 16.000 PS bedeutet das einen Bremsweg von minimal vier Kilometern, das entspricht ungefähr der Stecke vom Museumshafen Övelgönne bis zur Elbphilharmonie. Bei sehr großen Tankern können es bis zu neun Kilometer sein.

die Schlepptrosse ausüben. Wahlweise schleppen sie mit eigenen Stahltrossen oder schieben mit der verstärkten, gepolsterten Bugspitze. Bei schweren Schiffen ohne Bugstrahlruder wie großen Massengutschiffen können bis zu fünf Schlepper im Einsatz sein, um das Schiff an die Pier zu bekommen.

Die 2006 in Dienst gestellte BUGSIER 2 ist ein echtes Schwergewicht, sie verfügt über drei stählerne Zugtrossen (52 mm Durchmesser) von zweimal 800 und einmal 150 Meter Länge. Sie ist sowohl für den Hochsee- als auch für den Hafeneinsatz geeignet und wird mittlerweile vom größten Hamburger Hafenschlepper BUGSIER 5 mit über 6.500 PS übertroffen.

Festmacher

Helfer, ohne die nichts geht, sind die Festmacher oder Schiffsbefestiger. Sie werden wie die Schlepper für das Einlaufen eines Schiffes bestellt, um die Trossen (die schweren Leinen zum Festmachen) an Land zu befestigen. Um eine erste Verbindung herzustellen, wirft die Schiffscrew zuerst eine dünne Leine, die mit einer so genannten Affenfaust am Ende beschwert ist, auf die Pier, an der die eigentliche Trosse befestigt ist.

Die Festmachergang verfügt über eine maschinengetriebene Winde auf der Ladefläche ihres Pick-ups, mit der sie die schweren Trossen an Land ziehen kann. Wird ein Schiff nicht an Land, sondern an Verladebrücken oder Dalben befestigt, kommen die Schiffsbefestiger in kleinen orangefarbenen Festmacherbooten (Mooring Tugs). Ein massiver Käfig über dem Führerhaus schützt die Crew vor eventuell außer Kontrolle geratenen Trossen.

Links Zum Befestigen der Leinen an Land müssen die Festmacher ran; die Wurfleine mit Affenfaust stellt die erste Verbindung her.

Auf den Fahrzeugen der Festmacher sorgen motorgetriebene Winden für die nötige Zugkraft, zum Festmachen an Dalben sind die kleinen Festmacherboote unterwegs.

HAFENENTWICKLUNG

Hamburg betrieb seit Gründung des Hafens 1189 eine rigorose Expansionspolitik, um sowohl den an der größeren Süderelbe gelegenen Nachbarn Harburg oder der westlicheren Stadt Altona zu trotzen. Auch Lüneburg oder Stade sahen sich in ihrem Handel massiv behindert, weil Hamburg, an der kleinen Norderelbe gelegen, die Zollrechte bis zur Elbmündung für sich nutzte. In einer Klage legten die Städte beim Reichsgericht eine eindeutige Landkarte vor, darauf waren die große Süderelbe und die deutlich kleinere

Norderelbe zu sehen, an der Hamburg lag. Hamburg ließ daraufhin vom Maler Lorich eine eigene Karte (Seite 84) anfertigen: Auf zwölf Meter Länge zeigte sie die Norderelbe als mächtigen und einzigen Strom, die Süderelbe hingegen als stark mäandernden Nebenarm. Dieses erste Manöver gegen die Nachbarstädte ging im 16. Jahrhundert als »Hamburger Wahrheit« in die Geschichtsbücher ein und wurde 1618 vom Reichsgericht bestätigt.

Die Stadt expandierte weiter, begradigte den Norderelblauf und leitete Bille und Alster so geschickt ein, dass sich die Elbe an der Hafenstadt vorbei ein immer tieferes Bett grub. In der NS-Zeit sollten die Nachbarn Harburg und Altona schließlich durch das Groß-Hamburg-Gesetz gänzlich ihre Souveränität verlieren. Zwar gab es nach dem Zweiten Weltkrieg Bemühungen, die Selbstständigkeit wenigstens zum Teil zurückzuerlangen, die Stadtgrenzen Hamburgs blieben jedoch unverändert.

Diese Gebietszuwächse machten die Entwicklung zum Welthafen erst möglich. Der Hafen befand sich ehemals in der Stadt auf der nördlichen Elbseite hinter dem Baumwall, hier konnte sich Hamburg zu Zeiten vor seinen Feinden schützen, als Harburg und Altona noch nicht zur Hansestadt gehörten. Mit den anschwellenden Warenströmen verlagerte sich der Haupthafenbetrieb auf die andere Flussseite, nur die Speicherstadt und der Teil der heutigen Hafencity blieben im Norden, ständig wuchs der Hafen und lebte durch seine zentrale Lage, den Freihafen und die Speicherstadt.

Trotz der immer größer werdenden Schiffe kam im 20. Jahrhundert der Absturz für die Arbeitskräfte. Immer weniger Menschen wurden zum Umladen der Waren gebraucht, die Automatisierung setzte ein. Von den rund

25.000 Arbeitsplätzen in der Schifffahrt, den Werften oder den zahllosen Lagerhäusern Anfang des 20. Jahrhunderts waren Ende der 1960er nicht einmal 10.000 verblieben. Trotzdem wurde das die Zeit, in der der Hafen am stärksten verklärt wurde: Hunderte Seefahrer und Hafenarbeiter bevölkerten die Landungsbrücken, das Hafenviertel um den Michel und auch die Reeperbahn. Nach der beschwerlichen Arbeit wurde ihnen das Gehalt bar in der Admiralitätsstraße in der Neustadt ausgezahlt. Die Menschen zogen nach ihren bis zu drei Tage dauernden Schichten mit ihrem Bargeld weiter in die anliegenden Spelunken und auf die Reeperbahn und sorgten für deren Mythos. Vielleicht war das die lebendigste Zeit des Hafens, sicherlich aber die medienwirksamste und verklärt durch Freddy Quinn oder Hans Albers in dem aus den 40er Jahren stammenden Klassiker »Große Freiheit Nr. 7«, die nicht müde wurden, Seefahrerromantik zu verbreiten.

Als schließlich Tagelöhner – die am Tag vorher per Radiodurchsage im Norddeutschen Rundfunk für einen Tag gesucht wurden – zum Be- und Entladen der aus Übersee angekommen Stückgutschiffe in den 1960er und 70er Jahren an die Landungsbrücken strömten und mit Barkassen und Fähren zu den Kaianlagen und Schuppen auf der anderen Elbseite gebracht wurden, war die große Zeit der Hafenarbeiter bereits vorbei. Die Container übernahmen langsam die Transportaufgaben. Es begann die große Umstrukturierung des Hafens mit dem neuen Elbtunnel, der Köhlbrand- und der Kattwykbrücke. Der Arbeitgeber Hafen rückte aus dem Herzen der Stadt erst nach Süden auf die Inseln und später nach Westen flussabwärts. Anfang des neuen Jahrtausends ist der Hafenteil nördlich der Norderelbe mehr Museum als Hafen, die Meilensteine Hamburger

Geschichte werden mit der Hafencity zu Wohnquartieren und Bürovierteln umgewandelt.

Damit ist auch das große Fernweh vorbei, wenn auch die gigantischen stählernen, vor allem an der Fracht orientierten Schiffe Respekt einflößende Maschinen sind, für die es an Bord nur zwei Dutzend Menschen zur Bedienung und an Land manchmal nur ebenso viele zum Entladen braucht. Die Autotransporter oder Containerschiffe wirken wie uneinnehmbare Trutzburgen – wie sympathisch und klein liegt die CAP SAN DIEGO davor. Das Stückgutschiff, jetzt Museum, zeigt, wie es früher ausgesehen hat, als Handarbeit im Hafen noch der entscheidende Faktor war.

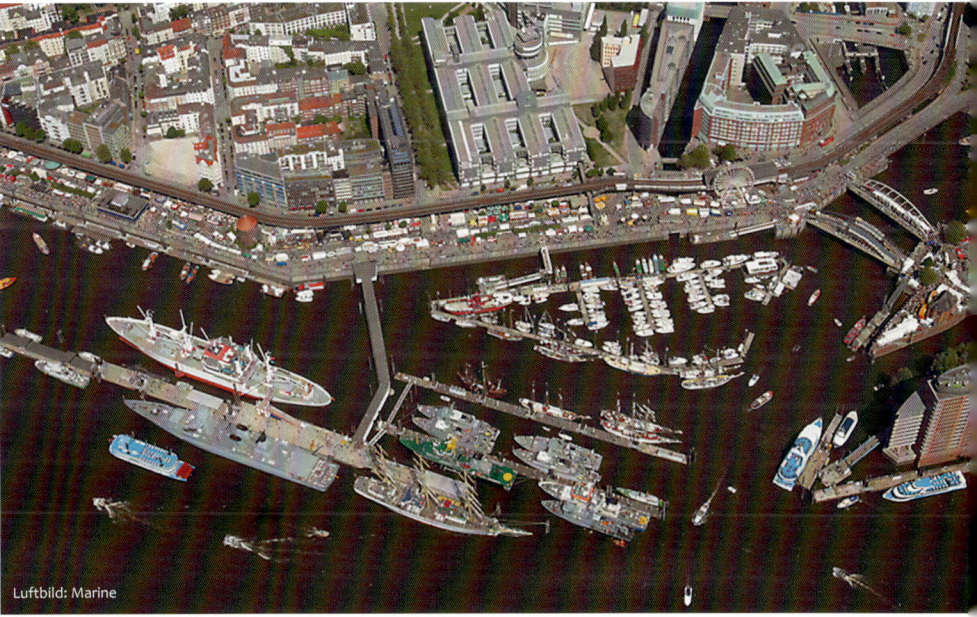

Luftbild: Marine

Vom Binnenhafen zum Welthafen

Der Anfang des Hamburger Hafens war bescheiden und ist lange her. Die folgenden Daten zeigen die Stationen seiner spannenden Entwicklung:

1189 Hamburg wird von Kaiser Barbarossa der so genannte Freibrief ausgestellt. Er bildete die Geschäftsgrundlage für den Hafenbetrieb. Ein- und auslaufende Schiffe genossen danach nicht nur auf der See, sondern auch in Hamburg und auf der gesamten Unterelbe Zollfreiheit. Die transportierten Waren konnten also in der neuen Hafenstadt ausgeladen, gelagert und von anderen Schiffen wieder an Bord genommen werden, ohne dass alles einzeln zollrechtlich erfasst werden musste. Der erste Hafen war der Reichenstraßenfleet im Bereich der heutigen Innenstadt. Jedes Jahr im Mai feiert der Hamburger Hafen mit einem großen Fest seinen Geburtstag.

1356 Hamburg ist offiziell eine von rund 70 vorwiegend deutschen Hansestädten, deren Ziele die gemeinsame Vertretung von Handelsbelangen und gegenseitiger Schutz sind.

ca. 1500 Der Binnenhafen liegt jetzt im Zollkanal, heute Liegeplatz zahlreicher Barkassen vor dem Kehrwieder. Die Segelschiffe wurden in das Stadtgebiet gebracht, dahinter wurde der Hafen gegen Feinde mit dem so genannten Baumwall geschlossen. Eine U-Bahn-Station trägt heute diesen Namen.

ca. 1700 Erweiterung des zu klein gewordenen Hafens in die Elbe. Es entsteht außerhalb des Baumwalls eine Reede in Höhe des heutigen City-Sportboothafens.

ab 1800 Die Stadt Altona beginnt den Bau eines eigenen Altonaer Hafens an der Norderelbe.

1834 Gründung des Deutschen Zollvereins zum Abbau von Wirtschaftshemmnissen, die Hansestädte Hamburg, Bremen und Lübeck treten nicht bei.

1840 Die erste Kaimauer Hamburgs entsteht am Johannisbollwerk (heute zwischen den U-Bahn-Stationen Landungsbrücken und Baumwall). Damit müssen Waren nicht kompliziert umgeladen, sondern können direkt auf die Pier gelöscht werden. Ebenfalls 1840 werden die ersten

Die »Hamburger Wahrheit«: Die Elbkarte von Melchior Lorichs aus dem Jahr 1568 sollte beweisen, dass die Norderelbe größer als die Süderelbe war.
Wikipedia

Landungsbrücken für die Personenschifffahrt gebaut, auf denen die Passagiere bis zu den im Elbstrom liegenden Schiffen laufen können, ohne auf Versetzboote angewiesen zu sein.

1866 Gründung der Staatlichen Kaiverwaltung. Im Bereich der heutigen Hafencity (Traditionsschiffhafen) entsteht mit dem Sandtorhafen das erste Hafenbecken mit festen Kaianlagen. In den Folgejahren werden hier nach dessen Vorbild zahlreiche weitere moderne Anlegestellen und Hafenbecken gebaut.

1868 Der erste der drei so genannten Köhlbrand-Verträge zwischen der Stadt Hamburg und dem Königreich Preußen wird geschlossen. Hamburg erhält dadurch das Recht für den Ausbau der Norderelbe, die Elbvertiefung in Hafennähe sowie die Verlegung der Köhlbrandmündung und der Süderelbe nach Westen.

1869 Erstmals wird ein Hamburger Hafenteil auf die gegenüber der Stadt liegende Elbseite verlegt. Um gefährliche Güter aus dem Stadtgebiet herauszuhalten, entsteht auf dem kleinen Grasbrook der Petroleumhafen.

1871 Die Hansestadt Hamburg tritt dem Deutschen Reich bei dessen Gründung als freie Stadt bei.

1872 Eine erste Brücke ermöglicht die Bahnverbindung über die Norderelbe.

1880 Der Segelschiffhafen wird aus dem Innenstadtbereich ebenfalls auf die gegenüberliegende Norderelbseite auf den Kleinen Grasbrook verlegt. Es entstehen unter anderem die Kaianlagen Asiakai und Amerikahöft.

1881 Zollanschluss Hamburgs an das Deutsche Reich; in dem Vertrag tritt die Stadt ihre Zollsouveränität für 40 Millionen Goldmark an das Reich ab und bekommt stattdessen einen abgezäunten Freihafen zugebilligt. Das Geld wird teilweise zum Bau der Speicherstadt verwendet.

1885 Gründung der Hamburger Freihafen-Lagerhaus-Gesellschaft (HFLG), der direkten Vorgängerin der HHLA (Hamburger Hafen- und Lagerhaus-Aktiengesellschaft, später Hamburger Hafen und Logistik AG). Für den Bau der Speicherstadt müssen 16.000 Menschen umgesiedelt

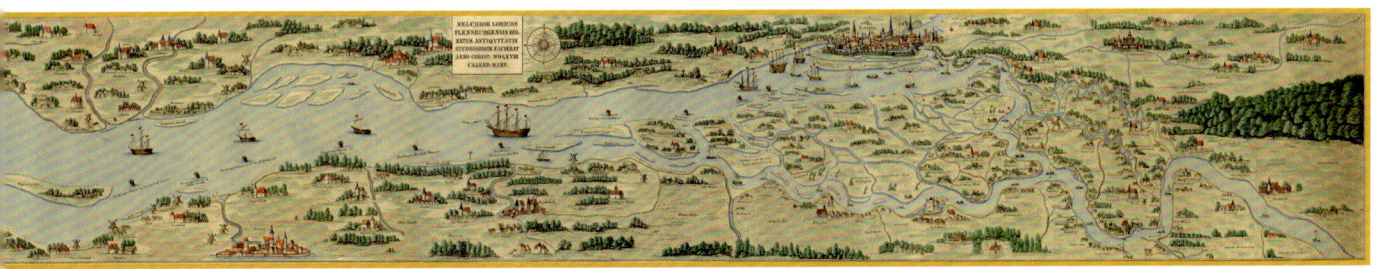

Einweihung der
Speicherstadt 1888
Foto: HHLA

werden, um die bis jetzt in der Stadt verteilten Speicher innerhalb des Freihafens konzentrieren zu können.

1888   Der Freihafen ist fertig gestellt, er umfasst innerhalb seines Zauns alle bis dahin erschlossenen Hamburger Hafengebiete nördlich und südlich der Norderelbe. Eine eigene Freihafenbrücke über die Norderelbe neben den Elbbrücken ermöglicht den zollfreien Warenverkehr zwischen den Hafenteilen. Ebenfalls schon fertig ist der erste Teil der Speicherstadt.

1893   Die selbstständige Stadt Altona baut an ihrem östlichen Hafenteil einen Fischereihafen, der sich bis zum Ersten Weltkrieg zu einem der größten seiner Art entwickelt.

1893   Mit dem Bau des Indiahafens auf dem kleinen Grasbrook südlich der Elbe wird erstmals das direkte

Umladen von Seeschiffen auf Eisenbahnwaggons möglich. In den folgenden Jahren entstehen hier zahlreiche weitere Häfen, Durchstiche und Kanäle, die die Hafenbecken schließlich bis zum Köhlbrand miteinander verbinden.

1908   Die Stadt Harburg beginnt mit dem Bau eines eigenen Dockhafens an der Süderelbe. Bis 1930 entstehen durch den Bau von drei weiteren Hafenbecken die Seehäfen I–IV.

1910   Die markanten Gebäude vor den Landungsbrücken und die Portale des Sankt-Pauli-Elbtunnels werden errichtet. Im selben Jahr wird der Petroleumhafen elbab nach Waltershof verlegt sowie das Freihafengebiet über den Köhlbrand bis nach Waltershof erweitert.

1911   Der Sankt-Pauli-Elbtunnel (Alter Elbtunnel) geht in Betrieb. Bis zu 20 Millionen Menschen nutzen ihn zu seiner Hochzeit pro Jahr.

1919   Gründung einer Hafengemeinschaft zwischen Hamburg und Preußen, die faktisch der Übernahme der Häfen von Harburg und Altona durch die Hansestadt gleichkommt. Im selben Jahr wird außerdem der Moldauhafen auf dem Kleinen Grasbrook nach Abschluss des Versailler Vertrages für 99 Jahre an Tschechien verpachtet.

1921   Nach dem Staatsvertrag mit der Reichsregierung übergibt Hamburg die Verwaltung der Elbe- und Nebenwasserstraßen an die Reichsverwaltung; die Elbe von Ortkaten bis Blankenese gilt im Gegenzug jetzt als Teil des Hamburger Hafens. Nach dem Vertragsschluss wird die Elbvertiefung für eine ungehinderte Schifffahrt von der Mündung bis nach Hamburg zur Staatssache, darauf beruft sich die Stadt bis heute.

1927 Mit der heute unter Denkmalschutz stehenden Speicherstadt wird der größte und modernste Lagerhaus-komplex der Welt fertig gestellt. Unter anderem verfügt man hier schon über hydraulische Transportwinden und elektrisches Licht.

1930 Die Reederei Hamburg Süd baut die Überseebrü-cke in die Elbe (heute unter anderen der Liegeplatz der CAP SAN DIEGO), wo Passagier- und Kreuzfahrtschiffe abgefertigt werden können.

1937 Das Groß-Hamburg-Gesetz des NS-Regimes zum Ausbau der Stadt tritt in Kraft, die Städte Altona und Harburg werden nach Hamburg eingemeindet, ebenso wie die Städte Wilhelmsburg, Wandsbek und Bergedorf. Dieser Vertrag gilt als Grundlage für das Wachstum des Hamburger Hafens nach Süden.

1938 Mit der Umsetzung des Groß-Hamburg-Gesetzes wird aus der Freien Reichsstadt Hamburg die Hansestadt Hamburg.

1946 Hamburg wird deutsches Land innerhalb der bri-tischen Besatzungszone.

1961 Das Hamburger Hafenerweiterungsgesetz sieht die Flächen der Dörfer von Altenwerder, Francop und Moorburg als Erweiterungsgebiete vor.

Der Sandtorhafen mit Kaimauern in den 1920er Jahren, frühe Autoverladung am Grasbrook etwa zur selben Zeit.
Fotos: HHLA

Oben 1968 wurde die erste
Containerbrücke in
Hamburg montiert.

Mitte Das erste
Vollcontainerschiff war die
AMERICAN LANCER

Unten Frühe
RoRo-Autoverladung
Fotos: HHLA

1962   Die große Sturmflut. Auf der Elbinsel Wilhelms-
burg ertrinken 315 Menschen. In der Folge wird die
Süderelbe in den Köhlbrand umgeleitet, ein weitreichendes
Hochwasserschutzprogramm beginnt.

1968   Am Burchardkai (heute Container Terminal Burchardkai) wird Hamburgs erste Kaianlage zum Verladen
von Containern in Betrieb genommen.

1970   Der Maakenwerder Hafen wird zugeschüttet, es
entsteht eine Fläche für das spätere südliche Einfahrtsportal
des Neuen Elbtunnels.

1973   Die Kattwyk-Hubbrücke verbindet jetzt das Hafengebiet Hohe Schaar über die Süderelbe, die Brücke wird
vor allem von Güterzügen, aber auch von Kraftfahrzeugen
genutzt.

1974   Mit der Köhlbrandbrücke wird das Hafengebiet
über den Köhlbrand und die Süderelbe an die Autobahn 7
angebunden.

1975   Der Neue Elbtunnel ist fertig gestellt, erstmals
kann die längste deutsche Autobahn (A7) von der dänischen Grenze bis nach Bayern durchgängig befahren
werden.

1976   Der Segelschiffhafen wird größtenteils zugeschüttet, er weicht dem Ausbau des O'swaldkais.

1977   Das erste Hamburger Containerterminal auf dem
Tollerort gegenüber dem Fischereihafen entsteht.

1998   Trotz massiver Proteste wird an der Süderelbe das
zum Hafenerweiterungsgebiet zählende Dorf Altenwerder
geräumt und bis auf die Kirche und den Friedhof abgerissen, um Platz für das Container Terminal Altenwerder zu
schaffen.

2000   Der Senat beschließt einen Masterplan zur Bebauung der Hafencity mit Büros und Wohnhäusern; es beginnt
das Verlagern von Betrieben sowie die Flächenvorbereitung
für die Bebauung. Das Gebiet umfasst alle Hafenanlagen
nördlich der Norderelbe zwischen den Elbbrücken im
Osten, dem Sandtorhafen im Westen und dem Oberhafen
im Norden.

2002   Auf dem Gelände des ehemaligen Dorfes Altenwerder wird mit dem CTA eines der modernsten Containerterminals weltweit in Betrieb genommen.

2003   Verlegung der Freihafengrenze aus den Gebieten
nördlich in den Bereich südlich der Elbe. Mit der Hamburger Hafencity entsteht in den ehemals nördlich der Elbe
gelegenen Hafenteilen die größte innerstädtische Baustelle
Europas.

2006   Hamburg beginnt mit dem Bau des Kreuzfahrt-
terminals Hamburg Cruise Center in der Hafencity.

voraussichtlich
2013
Wegfall der alten Freihafengrenzen und Abbau der -zäune,
es verbleibt eventuell eine stark verkleinerte Freihafenzone
im Bereich des Kleinen Grasbrook.

Der Freihafen

Der Anschluss an das Deutsche Reich im Jahr 1881 ist die Geburtsstunde des Hamburger Freihafens. Mit 40 Millionen Goldmark ließ sich die Freie und Hansestadt Hamburg die Aufgabe ihres Status als komplett zollfreier Hafen vergolden, die sie seit 1189 innehatte. Stattdessen wurde der Freihafen auf ein Gebiet begrenzt, das alle zu der Zeit zur Stadt gehörenden Hafenteile umfasste. Innerhalb des neu gezogenen Zauns können seither Waren angelandet, umgeladen und weiter verarbeitet werden, ohne dass sie nach Deutschland oder später nach Europa eingeführt werden müssen; das Gebiet gilt als Zollausland, ein großer Vorteil für einen Hafen mit internationaler Anbindung. 2008 waren etwa 550 Unternehmen innerhalb dieses Gebietes ansässig. 23 Prozent der Hafenfläche ist mit einem insgesamt 17,5 Kilometer langen Zaun abgetrennt; wer hinein oder heraus möchte, muss Zollstellen passieren. Über 20.000 Bewohner mussten aus den hafennahen Gebieten zu seiner Errichtung und der der Speicherstadt Ende des 19. Jahrhunderts umgesiedelt werden; 1910 wurde er mit dem größer werdenden Hafengebiet zudem noch einmal erheblich nach Westen erweitert.

Im Zuge der Entwicklung der Europäischen Union zu einem einheitlichen Wirtschaftsraum soll dieses Privileg nun abgeschafft werden. Bis 2013 – so der Plan – wird der Freihafen bis auf ein kleines Kernstück südlich der Elbe zurückgebaut. Damit entfallen neben wirtschaftlichen auch Grenzen für den Hafenverkehr. Die Stadt verspricht sich von der Maßnahme eine erhebliche Entlastung. Bereits 2003 wurde der Freihafen erstmals verkleinert, als die

Die rote Fläche zeigt die heutigen Grenzen des Freihafens. 2013 soll er bis auf die kleine grüne Fläche zusammenschmelzen.

Hafenteile nördlich der Norderelbe inklusive der Speicherstadt als Bebauungsfläche für die Hafencity neu geplant wurden. Der Freihafen umfasst seitdem größtenteils die südlich der Norderelbe liegenden Gebiete.

Vor allem für die Elbinsel Wilhelmsburg dürfte sich der Wegfall des Zauns positiv auswirken. Der Hamburger Stadtteil soll nach Willen des Senats in Zukunft durch das »Sprung über die Elbe« genannte Programm stärker an das Stadtgebiet angebunden werden. Der Abbau des Zauns könnte ein erster entscheidender Schritt sein.

Die Speicherstadt

Selbst im aufstrebenden, innovationsfreudigen Deutschen Reich Ende des 19. Jahrhunderts war sie eine kleine Sensation: die Hamburger Speicherstadt, ein gewaltiger Komplex von Lagerhäusern, errichtet in direkter Nachbarschaft zu den modernen Kaianlagen des 1866 eingeweihten Sandtorhafens. Im neu geschaffenen Freihafengebiet

Die Speicherstadt: Gebäudeensemble im neogotischen Stil.

Heute sind die Kanäle der Speicherstadt meist leer, zu ihrer Glanzzeit wurden aus Schuten die Waren in die Lagerhäuser verladen.
Foto: HHLA (rechte Seite)

waren großzügige Lagerflächen entstanden, ausgerüstet mit Neuerungen wie elektrischem Licht und dampfgetriebenen Winden. Für Druckwasser, Strom und Dampf für die Kräne der Anfangszeit sorgte ein eigenes Kraftwerk, die Speicher mit ihren starken Außenmauern garantierten ein stabiles Raumklima, in dem empfindliche Waren ohne Heizung oder Kühlung gelagert werden konnten.

Um die Speicherstadt zu errichten, hatten der Hamburger Senat, Kaufleute und die Norddeutsche Bank am 7. März 1885 die Hamburger Freihafen-Lagerhaus-Gesellschaft (HFLG) gegründet, die direkte Vorgängerin der HHLA, der Hamburger Hafen- und Lagerhaus-Aktiengesellschaft, die noch heute als Aktiengesellschaft mit mehrheitlich städtischer Beteiligung große Teile des Hafens betreibt. Finanziert mit privatem Kapital und einem Teil des Geldes, für das Hamburg als Gegenleistung seine Zollsouveränität gegenüber dem Deutschen Reich aufgab, war es Aufgabe der HFLG, Lagerflächen im neuen Freihafen zu schaffen. Schon 1888, pünktlich zum Zollanschluss, ging der erste Bauabschnitt in Betrieb, ein wichtiger Baustein des aufstrebenden Welthafens.

Bis 1927 entstand in Etappen ein gewaltiges Gebäudeensemble im neogotischen Stil, gebaut aus Millionen von roten Backsteinen, gegründet auf tausenden von Pfählen, mit einer Nutzfläche von insgesamt 310.000 Quadratmetern.

Trocken und gut temperiert konnten in der Speicherstadt hochwertige Güter wie Kaffee, Tee, Kakao und Gewürze zollfrei gelagert und kommissioniert werden. Das Logistikzentrum, wie es heute genannt werden würde, lag in direkter Nachbarschaft zum modernen Sandtorhafen und war optimal in die Verkehrsnetze zu Wasser, auf der Schiene und der Straße eingebunden. Die Schuten konnten direkt unter den Fenstern der Speicher anlegen, auf der anderen Seite der Häuser warteten Pferdefuhrwerke und die Eisenbahn auf den Abtransport der Waren. Ein immenser logistischer Vorteil für die Stadt, die bis zum Ersten Weltkrieg nach London und New York zu einem der wichtigsten Häfen weltweit aufstieg. Umschlagnahe Logistik, modernste Kaianlagen sowie die direkte Anbindung per Schiene, Straße und Zubringerschiff ans Hinterland waren die drei zentralen Erfolgsfaktoren des Hamburger Hafens.

Die Speicherstadt erwies sich schon bald als eine der drei tragenden Säulen des Hamburger Hafens. Sie ergänzte in idealer Weise den neuen Kaibetrieb im Hafen, für den die 1866 gegründete Staatliche Kaiverwaltung in schneller Folge Hafenbecken und Kaimauern errichtete. Im Sandtorhafen, der ersten modernen Anlage Hamburgs, konnten Überseeschiffe direkt an der Kaimauer mit leistungsstarkem Umschlaggerät abgefertigt werden. Zuvor waren die Schiffe mitten im Elbstrom be- und entladen worden. Der Sandtorhafen verfügte über bewegliche, von Dampf und später Elektrizität angetriebene Krananlagen sowie Schuppen zum Zwischenlagern der Ware.

Festmacherpfähle genannt werden) im Strom. Mit dem Bau der Kaimauern konnten die Frachter nun nach und nach direkt an den Hafenanlagen festmachen und dort be- und entladen werden, was den Umschlag erheblich beschleunigte. Im Laufe der Zeit wurden aus den Mauern komplizierte High-Tech-Konstruktionen, die – wie im Falle der Containerterminals – in der Lage sind, die gewaltigen Container-Entladebrücken an der Kaikante zu tragen und die zudem direkt daneben eine Wassertiefe von bis zu 18 Metern für die tief gehenden Ozeanriesen ermöglichen.

Bevor es Kaimauern gab, mussten die Schiffe an Dalben im Fluss liegen und entluden ihre Fracht mit eigenen Kränen in Schuten.
hhla.de/hamburger-fotoarchiv.de

Moderne Kaimauern ermöglichen eine Wassertiefe von rund 18 Metern und Containerbrücken mit 60 Meter langen Auslegern direkt neben dem Schiff.

Kaimauern im Hamburger Hafen

In Hamburg wurden bereits seit 1840 Kaimauern gebaut, die das Ufer stabilisierten und nicht in den Fluss rutschen ließen. Seinerzeit war das eine Revolution, denn die Flussufer waren seicht und flach und ohne deren Befestigung konnten Schiffe nicht anlegen. Die Waren mussten erst auf kleinere Schiffe umgeladen und dann an Land gebracht werden, die Seeschiffe lagen derweil an Dalben (wie die

Das Besondere an den Hamburger Kaimauern ist die so genannte Bauweise als »überbaute Böschung« mit einem Hohlraum unter einer Überbauplatte aus Beton. Notwendig wird das durch den Tideeinfluss im Hamburger Hafen, also das erheblich steigende und fallende Wasser. Da die Kaimauern nach vorne teilweise geöffnet sind, können sich die Wasserstände vor und hinter der fast 20 Meter hohen Wand ausgleichen und die Belastung auf das Bauwerk wird reduziert. Eine Bauweise, der man sich schon Anfang des 20. Jahrhunderts bediente, als die Unterbauten noch aus Holzpfählen bestanden. Auch der Bau an sich wurde vereinfacht, mussten doch die Pfähle nur wenige Meter in den Grund getrieben werden, ohne das Hafenbecken für den Bau trockenzulegen.

Bis Mitte der 1950er Jahre war diese Bauweise üblich, erst 1985 ließen verbesserte Stahlprofile einen Bau ohne Wasserausgleich zu. Mit den größer werdenden Schiffen waren jedoch auch bald wieder höhere Mauern notwendig. Um wirtschaftlich zu bauen, wurde daher bald wieder auf das Prinzip der überbauten Böschung zurückgegriffen. Allerdings in bis dahin ungeahnten Dimensionen: Die Kaimauern der heutigen Containerterminals (Predöhlkai Liegeplätze 1–3, Burchardkai Liegeplätze 1–4, Altenwerder oder Europakai) müssen beispielsweise bis zu 18 Meter Wassertiefe standhalten. Zudem stehen die gewaltigen neuen Containerbrücken direkt an der Kaikante und werden in Zukunft zwei 40-Fuß-Container gleichzeitig vom Schiff an Land heben können. Dann hängen bis zu 60 Tonnen an den mächtigen Auslegern. Üblich ist es übrigens, neue Kaimauern immer vor die alten zu setzen. Daher hat die Straße Vorsetzen am Baumwall ihren Namen.

Werften in der Hansestadt

Das Gelände von Blohm+Voss liegt mitten im Herzen des Hafens am südlichen Ausgang des Alten Elbtunnels. Eingerahmt wird es von den zwei mächtigen Schwimmdocks 10 und 11 und dem Trockendock 17 auf der Norderelbseite, in dem sich sogar schon die QUEEN ELISABETH II und die Nachfolgerin QUEEN MARY II Überholungen gönnten. Gegenüber dem Container Terminal Tollerort liegt der eigentliche Werfthafen mit einem kleineren Schwimmdock. Drei weitere Schwimmdocks liegen entlang des Kuhwerder Hafens.

Bei der 1877 gegründeten Werft liefen Schiffslegenden wie die Flying-P-Liners PASSAT oder PAMIR der Hamburger Laeisz-Reederei oder während der NS-Zeit das Kampfschiff BISMARCK vom Stapel. Immer noch unter Segeln ist die der Deutschen Marine als Ausbildungsschiff dienende GORCH FOCK.

Dem Betrachter auf den Landungsbrücken mag es fast unvorstellbar erscheinen, dass ausgerechnet die gut sichtbaren und aus dem Stadtbild nicht wegzudenkenden Schwimmdocks von Blohm+Voss zu einem Unternehmen gehören, das im weltweiten Kampf um Aufträge um den Anschluss ringt. Angeblich hat die Werft über die vergangenen Jahre mehrere hundert Millionen Euro Schulden angehäuft, die sich ihr bisheriger Eigentümer ThyssenKrupp nicht mehr leisten wollte.

2010 wurde Blohm+Voss daher an den arabischen Schiffbauer Abu Dhabi Mar verkauft. Das Unternehmen möchte am zivilen Schiffbau festhalten. Damit erhält Blohm+Voss noch einmal eine Chance, in der Zukunft eventuell ein Stück des Kuchens des weltweiten Schiffbaus

Die ECLIPSE ist 170 Meter lang.

Das Geheimnis um die größte Yacht der Welt

Yachten haben eine lange Tradition bei Blohm+Voss, mindestens eine ebenso lange wie Schiffe für die Marine. Gerade bei der derzeit in der Auslieferung befindlichen ECLIPSE ist die Verbindung im positiven Sinn kaum zu übersehen. Weit springt der schlanke Bug nach vorn und verleiht dem Schiff eine Eleganz, wie man sie selbst in dieser Größenklasse nur selten findet. Mit 170 Metern ist der Hamburger Neubau die derzeit größte Yacht der Welt (damit sie das auch bleibt, wurde sie während ihrer Bauzeit angeblich zweimal verlängert) und hatte anfänglich einen geschätzten Grundpreis von rund 350 Millionen Euro. Unterdessen ist sie mit mehreren Beibooten, 20 Jetskis, einem Kino und Kabinen für 24 Gäste sowie für 70 Mann Besatzung bestückt. Gemunkelt wird, dass sogar ein Raketenabwehrsystem installiert werden soll; ihr Preis könnte sich durch die zahlreichen Extras mittlerweile verdoppelt haben.

Bestätigungen gibt es für all das nicht, das ist bei Megayachten Geschäftspolitik. Weder, dass es sich bei dem Bauherren um den russischen Ölmilliardär Roman Abramowitsch handelt (obwohl das als sicher gilt), noch für jegliche Details oder den Preis. Sicher ist nur, dass es das Schiff gibt – und mit ihm jede Menge Gerüchte.

Die ECLIPSE kurz vor ihrem Stapellauf in Dock 10.

abzubekommen, denn gerade Frachtschiffneubauten gehen fast nur noch an Werften in Fernost.

Beim Geschäft von Neubauten setzt Blohm+Voss in Hamburg derzeit auf Megayachten, gerade wird die längste Yacht der Welt (Kasten) ausgeliefert, und auch die zweitlängste, die OCTOPUS von Microsoft-Gründer Paul Allen, ist ein Blohm+Voss-Schiff.

Bei der Reparatur gilt Blohm+Voss zudem trotz des hochpreisigen Standorts als erste Wahl für Reedereien, denn dank hoher Qualität arbeitet die Werft vor allem für ihre Kunden extrem wirtschaftlich. Denn mehr noch als niedrige Lohnkosten zählen im internationalen Vergleich kurze Liegezeiten.

Außer der Norderwerft im benachbarten Reiherstieg und der Sietas-Werft ein Stück weiter elbabwärts sind die anderen größeren Werftbetriebe aus dem Hamburger Hafen verschwunden. Die Häfen der traditionellen Vulcanwerft und der Stülckenwerft sind mittlerweile zugeschüttet. Auf einem steht das Hamburger Hafentheater, mit dem Erfolgsmusical »König der Löwen« im Programm.

Damit bilden die Werften das ab, was den Wandel des Hafens in den letzten hundert Jahren kennzeichnete. Die Massen an handarbeitenden Menschen weichen Maschinen und Großlagern; im Werftgeschäft ist das jedoch nur zum Teil möglich. Hier ist weiter personalintensive Handarbeit gefragt und die ist in Deutschland zu teuer. Dazu kommt die noch andauernde Weltwirtschaftskrise mit den daraus resultierenden Überkapazitäten in der Schifffahrt, die sogar scheinbar krisenfestere Unternehmen wie die Sietas-Werft mit ihren markanten Feedern trifft. Sie stellte die Produktion ihrer Containerschiffe gerade ein – derzeit fehlt die Nachfrage.

Die Docks von Blohm+Voss

Drei große Docks prägen das Hafenbild der Norderelbe. Die Schwimmdocks 10 und 11, sowie das Trockendock 17, die alle zu Blohm+Voss gehören. Sie sind die größten Docks im Hafen und können Schiffe bis zu einer Länge von über 350 Meter aufnehmen. Ein spektakulärer Anblick, vor allem, wenn das quer zur Norderelbe gelegene Trockendock benutzt wird. Beim Ein- oder Ausdocken meint man das Schiff auf den Landungsbrücken greifen zu können, die dann auch für Besucher gesperrt werden. Häufige Gäste im Dock 17 sind unter anderem die riesigen Kreuzfahrtschiffe der niedersächsischen Meyer-Werft, die nach ihren Probefahrten auf der Nordsee hier finalen Überprüfungen unterzogen werden.

Große Schiffe mit bis zu 350 Meter Länge liegen im Trockendock, das wie ein kleiner Hafen ins Ufer gebaut wurde. Zum Eindocken wird es geflutet, dann wird das Docktor, das es bis dahin verschloss, leer gepumpt bis es aufschwimmt und zur Seite gefahren. Jetzt kann das Schiff ins Dock einfahren, das Tor wird wieder davor gelegt und geflutet, um das Dock abzuriegeln. Dann kann es leer gepumpt werden, bis das Schiff auf dem Trockenen liegt. Dessen Eigengewicht ist im Trockendock unerheblich.

Die Schwimmdocks hingegen sind vorne und hinten offen. Sie schwimmen in der Elbe wie Schiffe und haben damit auch nur eine begrenzte Tragfähigkeit (auch wenn diese immer noch gewaltig ist). Zum Eindocken werden sie geflutet und sinken ab, bis das Schiff hinein fahren kann. Dann wird das Dock mit mächtigen Pumpen geleert und schwimmt mitsamt dem zu reparierenden Schiff wie-

der auf. Die Schwimmdocks erlauben zwar einen größeren Tiefgang, können aber nur kürzere Schiffe heben.

Neben den drei großen Docks verfügt Blohm+Voss noch über weitere kleinere im Werfthafen, sowie im Kuhwerder Hafen auf der Rückseite des Werftgeländes.

Zu Reparaturzwecken laufen immer wieder bekannte Schiffe wie die QUEEN MARY 2 die Stadt an (Blohm+Voss Dock 17).
Foto: B. Bühler

Die Docks der Norderelbe			
	Elbe 17	Dock 11	Dock 10
Länge	351	320	286
Breite	59	52	44
max. Wassertiefe	9,5 m	10,8 m	10,2
Hebefähigkeit	–	65.000 t	50.000 t

UMWELT

Das ewige Thema:
die Elbvertiefung

Da die Hansestadt nicht an der Nordsee, sondern rund 100 Kilometer landeinwärts liegt, ist das Erreichen des Hafens durch immer größere Schiffe zum Dauerthema geworden. Und das nicht erst seitdem die Grünen im Hamburger Senat sitzen. Soll der Hafen seinen Platz im weltweiten Frachtverkehr halten, muss die Unterelbe zwischen Hamburg und Cuxhaven immer wieder an die sich verändernde Schifffahrt angepasst werden. Die Fahrrinne in der Norderelbe wurde mehrfach vertieft, ab 1818 bereits

auf 3,5 Meter, bis auf fast sechs Meter Ende des 19. Jahrhunderts. Dienten die Vertiefungen des im Vergleich zur Süderelbe recht kleinen Norderelblaufes dazu, dass der Hafen vom Wasser der Elbe freigespült wurde, verlangten seit Anfang des 20. Jahrhunderts die rasch wachsenden Schiffe nach mehr Wasser entlang der gesamten Unterelbe. Seitdem wird der Elblauf regelmäßig vertieft, begradigt und verbreitert.

Mit der Fahrwasseranpassung, wie es richtig heißt, erhöht sich jedes Mal auch die Strömungsgeschwindigkeit des Flusses, das heißt, dass auch die regelmäßige Flutwelle immer höher auf- und die Ebbe immer weiter abläuft. Das niedrigere Niedrigwasser im Hafenbereich ist jedoch ein ungewollter Nebeneffekt des Ausbaus, denn das Wasser läuft in beide Richtungen schneller. Betrug der durchschnittliche Unterschied zwischen Hoch- und Niedrigwasser im Hafen 2008 bereits 3,63 Meter, war es Anfang des 20. Jahrhunderts gerade einmal die Hälfte. Neben der Gefahr einer Sturmflut in Hamburg ergeben sich durch die Stromgeschwindigkeit auch massive Umweltbeeinträchtigungen. So wird zum Beispiel der Sedimenttransport und dessen Ablagerung im Fluss begünstigt.

Trotzdem will Hamburg seinen Plan vom Wachstum nicht aufgeben, für Containerschiffe bis 14.000 TEU soll die Elbe bei der nächsten Anpassung fit gemacht werden. 400 Millionen Euro sind dafür veranschlagt, inklusive des Baus zweier Passierstellen in Höhe Pagensand und Rissen/Wedel; denn die Elbe ist nicht nur zu flach, sondern auch zu schmal für die ganz großen Pötte, zumindest wenn sich zwei von ihnen begegnen (derzeit gibt es ein Begegnungsverbot für Schiffe, deren addierte Breite mehr als 90 Meter beträgt). Für die Kosten der Fahrwasseranpassung muss werden soll. Er wird dann Deutschlands einziger Tiefwasserhafen mit einer garantierten Wassertiefe von 18 Metern sein.

Kritikern ist die dauernde Vertiefung der Elbe für die Containerschifffahrt nicht nur aus Umweltgesichtspunkten ein Dorn im Auge. Auch sei die Wertschöpfung aus dem reinen Umschlag so gering, dass sich der Aufwand nicht lohnen würde, meinen Fachleute. Viel wichtiger sei es, das verarbeitende Gewerbe mit seinen tausenden Arbeitsplätzen im Hafen zu stützen.

die Hansestadt zu einem Drittel selbst aufkommen, zwei Drittel trägt der Bund aus seiner Verantwortung für die Vertiefung der Elbe heraus, die er per Staatsvertrag von 1921 übernommen hatte. Schon jetzt sind permanent vier Bagger im Einsatz, um die Unterelbe uneingeschränkt schiffbar zu halten. 40 bis 50 Millionen Euro kostet es pro Jahr, den Fluss auf seiner garantierten Tiefe zu halten. Die Anrainer Niedersachsen und Schleswig-Holstein, deren Grenzfluss die Elbe bis zu ihrer Mündung bei Cuxhaven (Nordseehäfen schreiben sich mit V) ist, sind somit in die Entscheidung über die Fahrwasseranpassung nicht direkt mit eingebunden, auch wenn sie einen Teil der Konsequenzen des sich ändernden Flusses tragen müssen.

Was die bisher schnell und ständig wachsende Größe der Containerschiffe angeht, stößt Hamburg derzeit also wieder einmal an seine natürlichen Grenzen. Die ganz großen Schiffe vom Schlage einer EMMA MAERSK mit Stellplätzen für 15.000 20-Fuß-Container können die Hansestadt derzeit nicht mehr anlaufen. Diesen Wettlauf gewinnt momentan der Jade-Weser-Port in Wilhelmshaven, der sich noch in der Fertigstellung befindet und 2011 in Betrieb genommen

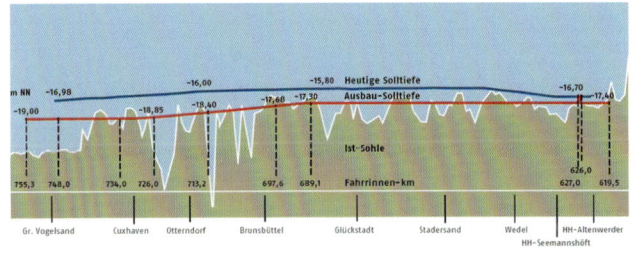

Um die Fahrrinne weiter zu vertiefen muss nur in bestimmten Bereichen gebaggert werden.
Projektbüro Fahrrinnenanpassung

Peilschiffe

Der Hamburger Hafen verändert sich unter Wasser ständig. Bedingt durch die Fließbewegung der Elbe sowie Ebbe und Flut lagern sich einerseits Sedimente ab (Sedimentation) und Hafenteile werden flacher. An anderen Stellen wird der Boden fortgespült (Erosion) und es kann zu tief werden, vor allem für Bauwerke (Spundwände und Hafenanlagen, die in der Elbsohle gründen) ist das gefährlich. Damit die Schiffsbewegungen störungsfrei ablaufen und Reedereien, Lotsen oder Kaibetriebe immer die neu-

esten Daten zur Verfügung stehen, müssen permanent die aktuellen Wassertiefen ermittelt werden.

Dafür sind immer vier Peilschiffe im Einsatz, die mit verschiedenen Echoloten die Gewässersohle abtasten und über ein Computersystem (HydroCAD) die Werte in eine digitale Karte umsetzen. Die Hamburg Port Authority

Peilschiff DEEPENSCHRIEWER* III	
Länge:	17,20 m
Breite:	4,90 m
Tiefgang:	1,40 m
Verdrängung:	50 t
Maschine:	200 PS
Geschwindigkeit:	8/4** Knoten
	(14,8/7,4** km/h)
* plattdeutsch: Tiefschreiber, ** Messfahrt	

Peilschiffe sondieren den Hafen, um sich ändernde Wassertiefen zu ermitteln. DEEPENSCHRIEWER III trägt seine Sonde vor sich her.

Rechts Das Baggergut ist für Hamburg ein Problem, aus der Zeit vor der Wende ist es teilweise stark mit Giften belastet.

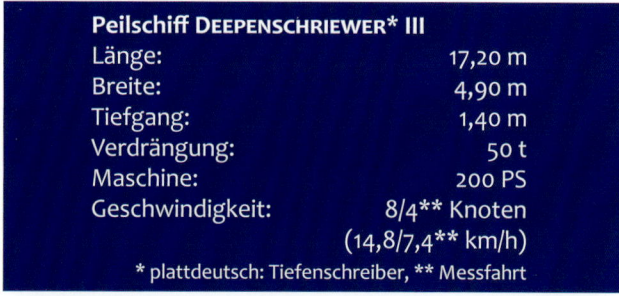

(HPA) sammelt die Daten und gibt sie an die Baggerfirmen weiter, damit gebaggert, aufgefüllt oder umgelagert werden kann.

Die Peilschiffe verfügen über verschiedene Echolotsysteme, während zum Beispiel DEEPENSCHRIEWER IV über ein Einstrahlecholot für kleine und flache Hafenteile verfügt, ist DEEPENSCHRIEWER III mit einem modernen Fächerlotsystem ausgerüstet, das ganze Flächen mit einer Überfahrt erfassen kann. Zudem kann es mit einem so genannten Side-Looking-Sonar zur Wracksuche eingesetzt werden.

Jährlich sondieren die vier Schiffe eine Fläche von 110 Quadratkilometern, der Hafen wird also theoretisch fast viermal pro Jahr komplett vermessen. Im Einsatz tragen die Peilschiffe das Zeichen Ball/Kegel/Ball am Mast, damit sie von anderen Schiffen als manövrierbehindert aufgrund ihrer Arbeit wahrgenommen werden.

Die Bagger und das Erbe der Industrie

Wer Bagger sieht, denkt häufig sofort auch an Elbvertiefung. Jedoch sind die meisten Bagger im Hamburger Stadtgebiet damit beschäftigt, den Hafen schiffbar zu halten. Auf ihrem mehrere hundert Kilometer langen Oberlauf von der Quelle in Tschechien bis in den Hamburger Hafen sammelt die Elbe Unmengen an Sedimenten an, die sich im Hafengebiet Hamburgs ablagern; die große, weit verzweigte Fläche verlangsamt den Fluss und die kleinen Teilchen können zu Boden sinken.

Mit Schaufelbaggern und Schuten, Saug- und Eimer-kettenbaggern muss dieses Sediment permanent aus den Hafenbecken entfernt werden, damit die Schifffahrt in den verschiedenen Hafenteilen die zugesagten Wassertiefen nutzen kann. Als Grundlage dafür dienen die Mess-ergebnisse der vier Hamburger Peilschiffe, die den Hafen ständig vermessen.

Die Sedimente setzen sich aus mineralischen und orga-nischen Bestandteilen zusammen, also mehr oder weniger fein gemahlenem Gestein, sowie Resten von Pflanzen und Kleinstlebewesen. Während der größte Teil des Baggerguts umgelagert werden kann, das heißt stromabwärts wieder in die Elbe zurückgeschüttet und mit der Ebbe weiter Richtung Nordsee transportiert wird, ist ein Teil des Baggerguts mit Schadstoffen belastet.

Durch die Einleitung von Abwässern in den Oberlauf der Elbe in der Zeit vor Europas Öffnung nach Osten finden sich in den Sedimenten des Hamburger Hafens etliche Schwer-metalle wie Quecksilber, Kupfer und Zink sowie verschie-dene organische Verbindungen. Die Zusammensetzung des Baggerguts richtet sich vor allem nach ihrem Alter: Je jünger die Sedimentablagerung, desto unbelasteter ist sie.

Den belasteten Sedimenten wird auf Entwässerungs-feldern erst das Wasser entzogen, danach werden sie auf Deponien endgelagert. Zudem betreibt Hamburg die Aufbereitungsanlage Metha (Mechanische Trennung von Hafensediment), in der als Baustoff brauchbarer Sand her-ausgelöst und anschließend der belastete Teil maschinell entwässert wird. Ab 2025, so schätzt die für das Baggern zuständige Hamburg Port Authority, sind die Sedimente schließlich so sauber, dass auf weiteres Deponieren ver-zichtet werden kann.

Ballastwasser

Ballastwasser ist seit über hundert Jahren eine Begleiterscheinung der weltweiten Schifffahrt. Legte man bei den Holzschiffen noch Steine in den Rumpf, sind Stahlschiffe nur mit Wasser als Zusatzgewicht überhaupt seetüchtig. Schließlich wiegen beispielsweise nicht alle Container, die an Bord eines Schiffes geladen werden, gleich viel oder die Stauräume der Ozeanriesen sind leer oder nicht voll beladen. So lägen Schiffe ohne Ballast schief oder ungleichmäßig im Wasser, nur mit dem zusätzlichen Gewicht sind sie in ihre optimale Schwimmlage zu bringen. Im Durchschnitt muss jeweils ungefähr ein Drittel des beförderten Frachtvolumens als Ballast in die Tanks gepumpt werden. Nimmt sich das bei kleinen Frachtern noch relativ bescheiden aus, schwappen bei Riesentankern schon einmal 100.000 Tonnen Wasser in den Tanks.

Der World Wildlife Found (WWF) schätzt das jährliche Ballastwasservolumen auf ungefähr zehn Milliarden Tonnen; zum Vergleich: Deutschlands drittgrößter See, der Chiemsee, hat etwa ein Volumen von zwei Milliarden Tonnen. Die Tanks dafür befinden sich in doppelten Böden, Wänden oder unter den Decks, die die Frachträume von Tankern oder Containerriesen umgeben. Die Ballastwasserpumpen haben eine Kapazität von rund 1.000 Tonnen pro Stunde.

Doch Häfen wie Hamburg haben ein Problem mit der Globalisierung: mit Millionen und Milliarden Einwanderern, die mit dem Ballastwasser der Frachtschiffe in fremde Lebensräume eingeschleppt werden. Das können kleinste Organismen wie Bakterien und Einzeller sein oder auch Fischchen, Krebse oder Quallen und Algen. Die Schiffe

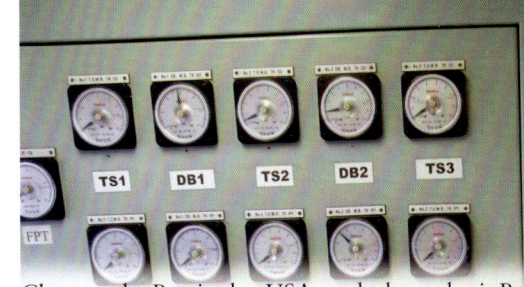

wirken wie riesige Staubsauger, die gerade in artenreichen Flachwassergebieten unzählige Arten ungewollt in ihre Tanks pumpen. Sind die Lebensbedingungen beim Ablassen im nächsten Hafen ähnlich wie im Ursprungsland, überleben sie dort.

Derzeit kämpfen alle Staaten, die mit der Seefahrt zu tun haben, mit den Auswirkungen. In den USA verstopft eine sich in den Flüssen massenweise ausbreitende Dreikantmuschel schon die Kühlöffnungen der Kraftwerke, in Australien entstanden Seetangwälder unter Wasser, die das ganze Ökosystem auf den Kopf stellten. 2004 verendeten in Norwegen rund tausend Tonnen Lachs durch das Einschleppen einer giftigen Alge, während im Schwarzen Meer die vermutlich aus den USA stammende Rippenqualle, Planktonbestände verschlang und die einheimischen Fischbestände aus Nahrungsmangel zugrunde gingen; mittlerweile breitet sich die Qualle auch in der Ostsee aus. Der auf Holz spezialisierte Schiffsbohrwurm hat in den Hafenanlagen der Ostsee seit 1993 bereits einen Schaden von rund 50 Millionen Euro angerichtet und die massenhaft auftretende chinesische Wollhandkrabbe verdrängt einheimische Arten in der Nordsee. Allein in der Elbe wird ihre Gesamtmasse mittlerweile auf 250 Tonnen geschätzt.

Der WWF gibt die Anzahl der Arten, die derzeit im Ballastwasser um die Erde reisen, mit rund 4.000 an. Es geht auch um Bakterien; das Horrorszenario der Experten ist ein Schiff, das mit Krankheitserregern in einem Fluss wie dem Ganges in Indien vollgepumpt wird und seine Fracht in der Elbmündung wieder entlässt, wo sich Badende am Nordseestrand infizieren. Grenzüberschreitende Epidemien könnten die Folge sein. Dass das keine Schwarzmalerei sein muss, belegen Cholera erregende Bakterien, die in der

Chesapeake Bay in den USA entdeckt und mit Ballastwasser aus Seeschiffen in Verbindung gebracht wurden.

Bis eine gesetzliche Regelung auf Grundlage einer Konvention der International Maritime Organisation (IMO) in einigen Jahren umgesetzt wird, gehen die USA wie verschiedene andere Staaten schon einen eigenen Weg. Sie verweigern allen Schiffen die Einfahrt in ihre Häfen, die nicht nachweislich ihre Tanks im tiefen Wasser der Ozeane gespült haben. Dafür muss mehrmals hintereinander das gesamte Ballastwasser abgepumpt und neu in die Tanks gesaugt werden. Die kleinen Fischchen, Larven, Schnecken oder Muscheln und Quallen überstehen diese Behandlung in der offenen See außerhalb des Schiffes nicht. Ein hundertprozentiger Schutz ist dieses Verfahren aber nicht.

Nach der IMO-Konvention zum Ballastwassermanagement sollen bis 2016 alle Seeschiffe mit Reinigungsanlagen für Ballastwasser ausgerüstet sein. Auf die Reedereien werden in der Zukunft gewaltige Investitionen und Umbauten zukommen. Eine Nachrüstanlage mit einer Kapazität von zweimal 250 Tonnen pro Stunde füllt schon einen ganzen 40-Fuß-Container, der irgendwo untergebracht werden muss. Unter Deck ist in den engen Maschinenräumen für die zusätzliche Technik derzeit kaum Platz. Dazu kommt der Energieverbrauch für die Pumpen, die Wartung und schließlich die Chemie, mit der das vorgereinigte Wasser abschließend behandelt werden soll.

Oben Kontrollpult für die Ballastwassertanks auf einem Massengutschiff.

Links
Damit Schiffe seetüchtig sind, pumpen sie tausende Tonnen Wasser in ihre Tanks, die im nächsten Hafen wieder abgelassen werden.

Firmen schließt die HPA langfristige Mietverträge mit maximal 30 Jahren Laufzeit ab, dabei wird vorrangig auf hafenwirtschaftliche und -politische Gesichtspunkte geachtet; es kann sich also nicht jede beliebige Firma an den Hafenbecken niederlassen.

Oberhafenamt

Im Hamburger Hafen herrscht täglich ein hohes Schifffahrtsaufkommen. Das Oberhafenamt als Teil der HPA ist für den reibungslosen Verkehr und die nautische Sicherheit zuständig. Es hält die Sicherheit des Schiffsverkehrs aufrecht und berät in nautischen Angelegenheiten, die bei Bauplanungen berücksichtigt werden müssen. Die Schiffe des Oberhafenamtes sollen Störungen an den Hafenanlagen rechtzeitig erkennen und Maßnahmen ergreifen, bevor es zu Zwischenfällen kommt.

ORGANISATION

Nautische Zentrale   *mit Lotsendienst + Schiffs melde dienst*

Die Nautische Zentrale ist eine Außenstelle des Oberhafenamtes. In ihr wird der gesamte Schiffsverkehr im Hafen mit leistungsstarken Landradaranlagen und einer AIS-Landstation (Automatic Identification System; Identifikationssystem für Schiffe) gesteuert und überwacht. Ein- und auslaufende Schiffe müssen sich hier an- und abmelden. In Absprache mit den Revierzentralen in Wilhelmshaven, Cuxhaven und Brunsbüttel erteilt die Nautische Zentrale die Liegeplatzgenehmigungen für einlaufende Schiffe und überprüft, ob deren Tiefgang mit dem Wasserstand am Liegeplatz kompatibel ist (Verkehrssicherungssystem Elbe, Seite 58).

Hamburg Port Authority (HPA)

Der größte Teil des Hamburger Hafens ist Eigentum der Stadt Hamburg; verwaltet wird er von der Hamburg Port Authority (HPA, ehemals die Behörde für Strom- und Hafenbau). Die HPA ist von der Hafenstrategie und -planung über die Modernisierung bis zur Instandhaltung, also Reparaturen und Baggern, zuständig. Außerdem betreibt und wartet sie das Schienennetz der Hafenbahn und die Straßen im Hafengebiet. Mit den im Hafen ansässigen

Wasserschutzpolizei

Die Sicherheit des Schiffsverkehrs wird von der Hamburger Wasserschutzpolizei (WaPo) überwacht. Dazu gehören die Einhaltung der Seeschifffahrtsstraßenordnung (entsprechend der Straßenverkehrsordnung an Land) und die des Umweltübereinkommens MARPOL zur Reinhaltung der Gewässer. Sie überprüft die Schiffspapiere sowie Visa und Einreisegenehmigungen und die Ausrüstung der hier fahrenden Schiffe. Der Hamburger Wasserschutzpolizei fallen noch einige Sonderaufgaben zu. Zum einen ist sie innerhalb des Hafengebietes auch an Land zuständig, zum anderen reicht ihr Tätigkeitsbereich aufgrund der besonderen Stellung Hamburgs über die Stadtgrenzen hinaus. Die Hamburger WaPo überwacht die Elbe auch auf dem Gebiet Niedersachsens und Schleswig-Holsteins bis zur Elbmündung.

Zoll

Hamburgs Seehafen ist Außengrenze Europas, die entlang des Freihafens noch einmal mit einem Zaun rings um große Teile des Hafens führt. Über sieben Zolldienststellen wird der Hafenverkehr bei Ein- oder Austritt auf das Zollgebiet Europas überprüft und der Freihafen so gesichert. Außerdem muss der Zoll Schiffe und – mit Scannern – Container vor allem auf Rauschgift überprüfen. Bei mehreren Millionen Containern, die pro Jahr Hamburg erreichen, lassen sich jedoch nur Stichproben durchführen. Dafür ist er häufig auf Tipps angewiesen. Mit Booten patrouilliert der Zoll zudem auf der Elbe und im Hafen, um sicherzustellen, dass keine Schmuggelware über Bord geworfen oder außen an den Schiffen befestigt wird.

Die Überwachungsschiffe der Hamburg Port Authority (HPA, groß), des Oberhafenamts (oben), der Wasserschutzpolizei (Mitte) und des Zolls (unten).

Umschlag = HHLA
Standortmarketing des Hafens = HMA
(Hafen Hamburg Marketing)

DANKSAGUNG

Mein Dank gilt allen, die mich beim Zusammentragen der Fakten zu diesem Buch unterstützt haben. Besonders möchte ich hervorheben:

Kapitän Otto D. Patow für seine endlose Geduld beim Erklären des Hafenbetriebs; Teamlines Deutschland für das Kennenlernen der modernen Containerschifffahrt; Kapitän Christian Grimmert und der Crew des Feeders Spica, die mich wie ein Mannschaftsmitglied aufgenommen haben; sowie der Crew des Bulkers Saar N.

Außerdem natürlich der Hafenpolizei für ihre Nachsicht bei meinen Recherchen und der Crew des HPA-Mehrzweckprahms fürs Abschleppen; der Firma Hochtief für die Bemühungen beim Thema Kaimauern; Wrist Bunker Supply für den tiefen Einblick in die Welt der Kraftstoffe sowie dem Schiffsmeldedienst für die Unterstützung bei der Fotografie. Außerdem den Firmen Pronav, HHLA, Shell Deutschland, Dole Deutschland, der Reederei Rickmers, der Buss Group, MOL Mitsui Deutschland, der Reederei Wegener und vielen anderen.